TURANG DE GUSHI

土壤的故事

主编 ———— 宋 敏

U0202109

河南大学出版社
HENAN UNIVERSITY PRESS
·郑州·

图书在版编目（CIP）数据

土壤的故事 / 宋敏主编 . -- 郑州 : 河南大学出版社，2020.9（2023 年 4 月重印）

ISBN 978-7-5649-4449-0

Ⅰ.①土… Ⅱ.①宋… Ⅲ.①土壤学－普及读物

Ⅳ.① S15-49

中国版本图书馆 CIP 数据核字 (2020) 第 169393 号

责任编辑	马　博　展文婕
责任校对	解远文
封面设计	李雪艳

出版发行	河南大学出版社
地　址	郑州市郑东新区商务外环中华大厦 2401 号
邮　编	450046
电　话	0371-86059701（营销部）
网　址	hupress.henu.edu.cn
排　版	河南大学出版社设计排版部
印　刷	郑州印之星印务有限公司
版　次	2020 年 9 月第 1 次版
印　次	2023 年 4 月第 3 次印刷
开　本	890 mm×1240 mm　1/32
印　张	7.75
字　数	200 千
定　价	26.00 元

目　录

第一章

土壤的形成和发育

第一节 土壤成土因素学说的建立、发展和现状

土壤是地球表面特定的自然体，有着自己发生、发展的历史。它与大气圈、水圈、岩石圈、生物圈之间不断地进行物质迁移转化与能量交换，因此土壤系统因环境因素的变化而在不断运动和发展。自然土壤是在物质的生物小循环与地质大循环相互作用下，不断演进的，气候、生物、母质、地形、时间、内动力地质作用以及人类活动等因素都对土壤的发生产生影响。这些因素的不同组合，对土壤的综合作用不同，则产生各种各样的土壤类型。一般在这些过程中始终是以生物因素起着主导作用。而人类活动不仅改变自然环境因素，还可以改变土壤系统的组成、结构和功能。因此，土壤系统也是人类劳动的产物。

成土因素学说就是研究这些外在环境条件对土壤发生过程和土壤性质影响的学说，是土壤发生学的研究内容。土壤形成因素分析不仅是我们理解有关土壤知识概念并建立分类体系的指导，它也是我们在野外鉴别土壤、划分土壤界限的重要参考依据。

早在土壤学形成时期，人们就认识到土壤与形成环境条件有关系。但直到 19 世纪俄国著名土壤学家 B.B. 道库恰耶夫创立 5 大成土因素学说，才开始将土壤作为一个独立的自然体看待。之前，人们对土壤的认识都局限于把它孤立地与某一环境因素联系起来，土壤学也因此没有形成独立的学科，或依附于地质学，或依附于地理学。如西欧 19 世纪中期，德国地质学家 F.A. 法鲁将土壤和母岩联系起来，简

单地认为土壤只是和母岩成分有关，并由此划分出了"石灰岩上的土壤""长石岩上的土壤""黏土岩上的土壤"，等等。

一、成土因素学说的建立

B.B. 道库恰耶夫是成土因素学说的创始人。19 世纪 80 年代，B.B. 道库恰耶夫在俄罗斯大平原上做土壤调查工作。在这个大平原上相当一致的黄土状母质绵延近千公里；在此区域内，从北到南存在着一个递增的温度梯度，从东到西存在着一个递增的温度和年降水量的梯度；与此相关的是主要植被类型也存在着差别，特别是从草原植被到森林植被的变化；气候与植被的规律性变化、在相对一致的母质上留下了它们的影响，产生了明显的土壤差别，这就是土壤地带性理论形成的基础。B.B. 道库恰耶夫第一个理解了这些土壤差别产生的意义，建立了土壤发生学。1883 年，他发表了著名的专题论文《俄国的黑钙土》，把土壤看作由一系列成土因素作用于母质而形成土层的独立自然体。在这以后，他又发表了一系列土壤发生和分类的文章，为成土因素学说奠定了基础。

B.B. 道库恰耶夫认为，土壤有它自己的起源，是母质、生物、气候、地形和年龄综合作用的结果。他用下列方程式表示土壤与成土因素间的函数关系：

$$\pi = f(K、O、R、P)T$$

其中，π 代表土壤；K 代表气候；O 代表生物；R 代表岩石；P 代表地形；T 代表时间。

B.B. 道库恰耶夫用这个公式阐明了土壤和成土条件之间的关系。

他认为所有成土因素始终是同时和不可分割地影响着土壤的发生和发展，它们同等重要且不可相互代替地参加了土壤形成过程。同时，他还指出，各个因素同等重要的含义，并不是说每个因素时时处处都同等地影响着成土过程；而是在所有因素的综合作用下，每一个因素在土壤中所表现的特点或个别因素的相对作用，又都有本质上的差别。B.B. 道库恰耶夫也指出了成土因素有地理分布规律和规律性变化，显然，这是俄罗斯广阔大平原上的生物气候带的变化对他的启发。

B.B. 道库恰耶夫确立了土壤是个历史自然体；提出了土壤与环境辩证统一的概念；创立了用综合性观点和研究土壤的科学方法，这些是他对土壤学划时代的贡献。与此同时，美国土壤学家 E.W. 海洛格在他关于密西西比土壤的文章中，也将土壤作为一个自然体看待，指出了土壤性质与气候、植被、母质等因素的发生学关系。可见，成土因素学说是科学发展的时代产物。

二、成土因素学说的发展

B.B. 道库恰耶夫之后，许多土壤学家对成土因素学说的发展做出了贡献，从不同的侧面深化了成土因素学说的内容。

H. M. 西比尔采夫根据土壤地理分布特点，把土壤划分为 3 个土纲：

1. 显域土纲也称地带性土纲，分布于高平地和低山丘陵上，受气候条件影响，具有明显的地带性特征。如砖红壤、黑钙土、灰色森林土、生草灰化土、冰沼土等土类即属于此。

2. 隐域土纲也称隐地带性土纲，在特殊地形和母质的影响下，以斑点状分布，如沼泽土、草甸土、盐土和碱土等。

3. 泛域土纲也称泛地带性土纲，不表现地带性特征，分布于任何地带内都保持自己的特征，如河流泛滥地的冲积土壤和山地的石质土等。

以后西比尔采夫又指出，隐域土和泛域土实际并不存在，任何土壤多少仍受所在地带的影响而存在某些地带性的特征。

H.M. 西比尔采夫将 B.B. 道库恰耶夫所发现的成土因素地理分布规律深化为土壤地带性概念，将一定的土壤种类与一定的气候植被或地理区域相联系。他的土壤地带性概念对以后的土壤学研究起到了广泛的影响。K.D. 格林卡将他的第一篇著作《土壤形成类型、分类和地理分布》翻译成德文，介绍给了西方，使土壤地带性概念更为广泛地传播，造成了很大影响。到 1927 年包括 K.D. 格林卡在内的俄国土壤学家及其他国家的学者在华盛顿参加第一届国际土壤科学大会之际，俄国代表团带来十余份英文论文，其内容包括道库恰耶夫的思想、土壤发生和土壤分类等，在大会上进行广泛的交流。受俄国思想的影响，美国土壤学家马伯特接受了土类的概念，改变了以前过分强调母质的土壤学观点，并在美国讲授道库恰耶夫的成土因素学说。后来美国农业部 1938 年颁布了土壤分类体系。中国自 20 世纪 50 年代以来，一直到第二次全国土壤普查所使用的分类体系，均源于土壤地带性学说。

土壤地带性概念的提出，促进了人们深入研究和认识气候、生物等地带性土壤发生因素在土壤形成中的作用，但也带来了后来的"唯地带性论"的趋向和某些消极作用，如在土壤发生分类中忽视了对母质作用的研究。

B.P. 威廉斯提出了土壤统一形成过程学说。在土壤肥力发展的过程中，强调了土壤形成中生物因素的主导作用和人类生产活动对土壤产生的重大影响。

在土壤统一形成过程学说中，B.P 威廉斯将进化论的观点引入发生学，提出了土壤年龄和土壤个体发育与演替的概念。B.P. 威廉斯认为，土壤形成的发展密切地联系着土壤形成全部条件的发展，特别是作为土壤形成主导因子——植被的发展。形成条件的发展变化引起土壤性质的变化，使土壤不断进化，并可能产生质的突变。另一方面，土壤的发展对植被的发展起反作用。

B.P. 威廉斯的观点对于理解生物小循环对土壤发生，特别是对土壤有机质生成和矿质元素的富集方面的积极作用是明显的。B.P. 威廉斯关于生物累积过程是主导成土过程的观点带有片面性。生物累积过程在土壤形成过程中具有累积矿质养分的积极作用，但并不是所有的土壤的发展方向都是以生物累积过程为主导的，除了有机质特性外，土壤还有其他许多重要的性质。另一方面，一个土壤个体可以在比较短的时间内发育形成，也可以受到各种不同的影响而改变，甚至由于侵蚀或其他作用而被消灭，而不仅仅与植被的进化相关。

B.B. 道库恰耶夫之后 60 年，美国土壤学家 H. 詹尼在广泛学术考察的基础上，对广阔区域的土壤与成土因素进行了研究，1948 年在他的《成土因素》一书中，引用了与道库恰耶夫的数学式来表示土壤和最主要的成土因素之间的关系：

$$S=f（K、O、R、P、T\cdots\cdots）$$

　　H. 詹尼对 B.P. 威廉斯的土壤形成过程中生物因素起主导作用的学说也作了补充修正。他认为，生物主导作用并不是到处都一样的，不同地区、不同类型的土壤往往是某一成土因素占优势，如果这个因素所起的作用超过其他因素的综合作用，那么就得出以某一因素占优势的函数式。他将上述基本函数式稍作修改，将优势因素放在函数右侧括弧内的首位，因而产生了不同的函数。

　　应当指出，道库恰耶夫和詹尼的土壤形成方程式只是土壤形成的概念模型，并不能用现代数学（包括微积分）方法逐个解答公式的每一个成分。因为每一个成土因素都是极其复杂的动态系统，它们不仅是独立的，而且彼此之间又是紧密联系着错综复杂地作用于土壤。

三、成土因素学说的现状

　　在承袭成土因素学说基本理论的基础上，近年来国内外一些学者，根据最新的研究成果提出了土壤形成的深部因素的新见解，并强调人为作用对土壤发生发展的重要影响。土壤形成的深部因素是指内发性的地质现象，如火山喷发、地震、新构造运动、地球化学的物质富集和深层地下水等。他们认为，深部因素虽然不是经常普遍地对所有土壤形成起作用，但有时却起着不同于地表因素的特殊作用。如火山喷发产生特殊的土壤类型——火山灰土；新构造运动对于土壤侵蚀与堆积过程的加速作用；地下水位急剧上升，易引起沼泽化、盐碱化等现象；人类生产活动促使土壤熟化、退化，甚至产生质的改变，造就了菜园土、水稻土、城市土壤等人为土壤类型。

　　土壤形成因素学说就是研究各种外在环境因素在土壤形成过程

中所起作用的学说，它的形成有一定的历史背景条件。因此，随着时代的发展，人们对土壤研究工作的深入和新研究结果的不断涌现，土壤形成因素学说还会不断地发展。

第二节 土壤成土因素

生物因素是土壤发生发展中最主要、最活跃的成土因素。由于生物的作用，才把大量太阳能引进了成土过程的轨道，才有可能使分散在岩石圈、水圈和大气圈的营养元素向土壤聚集，从而创造出仅为土壤所有的肥力特性。

影响土壤系统的生物因素，包括植物、土壤微生物和土壤动物的作用，是促进土壤发生、发展的最活跃因素，但它们在土壤形成过程中所起的作用是不一样的，特别是高等绿色植物及其相应的土壤微生物类群对土壤的影响最为显著。绿色植物是土壤有机质的初始生产者，它的作用是把分散在母质、水圈和大气中的营养元素选择性地吸收起来，利用太阳辐射能，进行光合作用，制造成有机质，把太阳能转变成为化学能，再以有机残体的形式，聚集在母质表层或土壤中。然后，经过微生物的分解、合成作用，或进一步的转化，使母质表层的营养物质和能量逐渐地丰富起来，产生了土壤肥力特性，改造了母质，推动了土壤的形成和演化。

土壤动物，如蚯蚓、啮齿类动物、昆虫等，通过其生命活动、机械扰动，参加了土壤中的物质和能量的交换、转化过程，相当深刻地影响土壤的形成与发育。动物的作用表现在它们对土壤物质的机械混合，对土壤有机质的消耗、分解以及它们将代谢产物归还到土壤中去。土壤中微生物种类繁多，数量极大，对土壤的形成，肥力的演变起着重大的作用。微生物在土壤中分解有机质，合成腐殖质，然后再分解腐殖质，构成了土壤中生物小循环的一个不可缺少的环节，并导致腐殖质的形成和土壤腐殖质层中营养元素的积累。

　　绿色植物以及存在于土壤中的各种动物、微生物，它们和土壤之间处于相互依赖、相互作用状态，构成了一个完整的土壤生态系统。它们之间相互依赖和作用，在土壤形成与肥力的发展中，起着多种多样的、不可代替的重要作用。动物、微生物是成土作用的重要参与者。我们将重点分析绿色植物，即植被对土壤发生的影响。

　　植物从土壤中吸收养分生长植物体，植物死亡后，其残体经过分解又释放养分到土壤中去。但是不同植被类型所形成的有机质的数量和累积的方式都不一样，它们在成土过程中的作用也不相同（表1-1）。

　　一般来说，热带雨林的有机残体的数量多于温带落叶阔叶林；温带落叶阔叶林又多于寒带针叶林；草甸植物多于草甸草原植物；草甸草原植物多于干草原植物；干草原植物又多于半荒漠和荒漠植物。

表 1-1 每年合成的有机质的可能数量

（B.A. 柯夫达，土壤学原理）

自然区域	面积 （105km²）	占陆地面积（%）	有机质		能量 （1017kl）
			t/（hm².a）	10 lot/a	
森林	40.6	28	7	2.84	4.77
耕地	14.5	10	6	0.87	1.46
草原、草甸	26.0	17	4	1.04	1.76
荒漠	54.2	36	1	0.54	0.92
极地	12.7	9	0	0.00	0.00
总计	148.0	100		5.29	8.91

　　比较草原土壤与森林土壤，一般草原土壤的有机质含量约为森林土壤的两倍，有机质在土壤中的分布状况不同。森林土壤的有机质集中于地表，并且随深度锐减；而草原土壤的有机质含量则随深度增加逐渐减少。这是由于植物生长方式和植物残体结合进土壤中的方式不同。草本植物的根系是短命的，每年死亡的根系都要给土壤追加大量的有机质。草本植物的有机产物的 90% 以上是在地下，而且根系数量随着深度增加而逐渐减少。与草本植物相反，树木的根系是长命的，而且根系占整个树木有机产物总量的比例较低。因此，土壤有机质的来源主要是掉落在地表的枯枝落叶，某些情况下，这些枯枝落叶被土壤动物搬运混合到距离地表的不同层次，造成有机质含量随深度

增加锐减。

在同样气候下，可能森林与草原这两个生态系统中有机产物总量相近，但由于它们各自在地上与地下部分有机质含量的比例不同，以及拓荒时清除有机产物的方式不同，造成开垦后森林土壤与草原土壤有机质含量有较大差异，一般草原土壤的有机质含量高于森林土壤。

不同植物带来灰分含量不同，生成的有机质的组分也不同。草本植物每年进入土壤的有机残体的绝对数量虽不如木本植物多，但其灰分含量则超过木本植物，半荒漠和荒漠的厚质猪毛菜属灰分含量为 40%～55%，半荒漠的干猪毛菜属为 20%～30%，草原为 12%～20%，草甸草原为 2%～12%，草甸为 2%～4%。从干旱的荒漠向湿润的草甸过渡，草本植物的灰分含量呈有规律地减少。在干旱地区，草本植物下植物残体分解后形成中性或微碱性的环境，钙质丰富，有利于腐殖质的形成和累积。加以草本植物有发达的须根在土壤中穿插和挤压，有利于土壤良好结构的形成。木本植物的灰分含量一般比草本植物低，针叶林的针叶灰分含量为 7%，阔叶林的阔叶灰分含量为 9%～10%。针叶林枯枝落叶所形成的土壤腐殖质呈酸性或强酸性，以富里酸为主，使土壤产生强烈的酸性淋溶。阔叶林因其灰分含量比针叶林多，其枯枝落叶所形成腐殖质，以胡敏酸为主，酸度比较低，淋溶程度较弱，盐基饱和度较高。

木本植物的组成以多年生者为主，每年形成的有机质只有小部分以凋落物的形式堆积于土壤表层之上，形成粗有机质层。不同木本植物类型的有机残体的数量和组成也各不相同（表 1-2）。草本植物进入土壤的有机残体的灰分和氮素含量则大大超过木本植物，其 C/N 低。有机残体分解释放盐基到土壤中时，由于归还盐基离子的种类和数量不同，从而对土壤酸化的进程以及与酸化相伴发生的其他过程起到不同的影响。一般草原植被的残体与森林植被的残体比较，前者含碱金属和碱土金属比后者高；因此，草原土壤的盐基饱和度高于森林土壤的盐基饱和度，前者的 pH 值也较后者高。阔叶林与针叶林比较，前者灰分中的钙、钾含量较后者高，后者灰分中硅占优势。因此，针叶林下的土壤酸度比阔叶林下的土壤酸度较高。当然，这个比较是在其他条件相同的前提下进行的。

相同的气候条件下，如果相邻生长的森林和草原具有类似的地面坡度和母质，森林土壤则显示了较大的淋溶与淋洗强度，造成这样的差别有两个原因：

1. 森林土壤每年归还到土壤表面的碱金属与碱土金属盐基离子较少。

2. 森林的水分消耗主要是蒸腾，降水进入土壤中的比例较大，水的淋洗效率较高。

由于第一条的原因，加上枯枝落叶层中产生的有机酸较多，使森林植被下土壤中的下行水酸性较强，溶液中的 H^+ 代换并进一步淋洗掉较多的代换性盐基，伴之而来的是胶体分散、黏粒下移。甚至酸性溶液加速土壤原生矿物的分解，产生更大强度的淋溶或淋洗。由于盐基的淋失，黏粒从 A 层迁移到 B 层，以及腐殖酸成分对土壤结构的影响，森林土壤中心土层的渗透性比草原土壤的小，由此引起两者的物理、水分等性状的不同。

土壤微生物的数量和种类随生态条件与土壤类型不同而有明显变化。不同土壤中微生物的数量有极为明显的差异（表 1-2）。地带性土壤都有它特定的植物群系。例如，灰化土分布针叶林和以真菌为主的微生物相结合的群系，黑土、黑钙土分布草甸草本植物和以厌氧性细菌为主的微生物相结合的群系，栗钙土分布草原草本植物和以好氧性细菌为主的微生物相结合的群系。不同植物群系决定着土壤形成过程的发展方向，而植被的演替又导致了土壤类型的演变。

表 1-2 不同土壤中的微生物数量

土壤	土壤现状	微生物总数 /106 个	
		每克土	每克腐殖质
灰壤	未垦地	300～500	9000～18000
泥炭灰壤	未垦地	600～1000	18000～30000
	耕地	1000～2000	30000～60000
黑钙土	未垦地	2000～2500	30000～37000
	耕地	2500～3000	37000～45000
灰钙土	未垦地	1200～1600	60000～80000
	耕地	1800～3000	90000～150000

动物残体也是土壤有机质的一种来源，但数量比植物少得多。

但在某些地区，土壤中动物对土壤形成起了一些特殊的作用。例如，蚯蚓、啮齿动物和昆虫等的活动促使土壤翻动和搅拌，蚯蚓还能将土壤通过其肠道分解，造成独特的胶状有机物－矿物质混合物。有些地区土壤中的动物为数不少，其所起作用不容易忽视。例如，有的草原土壤，土地上黄鼠和鼹鼠的洞穴可达每公顷 3000 个～ 4000个。据美国布朗等人的研究，在山毛榉林下，土壤中动物（身长为0.2 mm ～ 18.92 mm 的个体）总量为 286 kg/hm^2，总数达 61.79 亿个；热带有些蚯蚓能将 250t/（$hm^2 \cdot a$）的排泄物搬到地表。土壤中动物数量是随生态条件不同而变化的。高井康雄研究表明，在日本秩父地区，土壤中大型动物在高林地数量最多，低林地与草原次之，荒地与旱地最少。

　　总之，生物因素是影响土壤发生发育的最活跃因素。土壤动物、微生物和植被构成了土壤生态系统并共同参与了成土过程，是成土过程中的积极因素。在这三者之中，植物起着积极的主导作用。特别是绿色高等植物，它们选择性吸收分散于母质、水圈和大气圈中的营养元素，利用太阳辐射能制造有机质，并使植物生长所必需的元素在土壤中富集起来，使土壤与母质有了本质上的差别。由于不同植物类型的生长方式不同，所形成的土壤有机质在性质、数量和积累方式上也不同，这造成了土壤性质的差别。

第三节　土壤形成过程

一、土壤的原始成土过程

岩石经过风化作用成为成土母质，这是土壤形成的基础物质，它的透水性、透气性比岩石有了发展，并含有少量无机养分，但因缺乏植物生长所必需的氮素，所以还不具备肥力的特性。当成土母质中出现生物（包括微生物、低等植物和高等植物）活动时，就开始土壤形成作用。然而，通常最初在母质上出现的生物有机体，是无机营养型细菌，例如，铁细菌、硫细菌、磷细菌，以及可以吸收分子氮的无机营养型细菌等。由于这些细菌的生命活动，将铁、硫、磷、氮等各种元素吸收到生物地球化学过程中来。同时也发生有机残体的累积，这样就必然出现分解有机质的异养型细菌，异养型细菌能破坏自养型细菌的有机质，把营养元素分解出来。随着有机质分解，产生了大量的二氧化碳，在土壤中生成碳酸，这就加强了母质中碱、碱土金属的移动性。然后出现了藻类和地衣，这些低等植物与细菌和真菌共同组成了陆地上的原始植物群落，也就开始了土壤形成的生物累积过程，这是土壤发生发育的最初阶段，也是土壤肥力萌芽的阶段，它为高等植物创造了生存的客观条件。

关于这一原始土壤的形成过程，我国土壤学家朱显谟做了较深入的研究，他指出这一过程是和陆生生物的起源、演变、进化紧密联系的，并互为因果、互为条件，其中经历以岩生微生物着生、生物物理风化层的出现为始发标志的"岩漆"时期，地衣着生并见有生物风化层的细土出现的突变跃进时期，苔藓植物着生并形成细土层的巩固发展时期，以及高等植物着生和原始土壤形成的定型时期。

岩漆时期着生在岩面的生物主要能自养，并在岩块深处、光线很少的情况下进行光合作用，这些生物着生之后，能产生薄层胶膜状的物质，称为"岩漆"。这种物质除主要是生物体本身及其分泌物外，还有从着生岩石剥蚀下来的一些矿物和长入矿物体内的橙黄色油孢、白色多角状晶体、植物碱和草酸盐等植生岩。因此，岩漆时期剖面出现带有岩漆染渍的生物物理风化层，这有别于岩体里面比较新鲜而尚无生物着生的部分。这一层的出现标志着成土过程的开始，此时具有一定的植物营养元素，尤其氮素化合物的形成和积累，并有较大保蓄水分的能力。

地衣就在"岩漆"表面出现，地衣着生之后，其底下岩体表面就会出现较疏松的薄层，此层颜色不一，不同矿物间的界线也已模糊不清，这与内部依然保存不同矿物晶体间的岩体有明显分界，又因它染渍混杂起源于地衣的有机—无机物质和次生矿物，因而又与上述的生物物理风化层显然有别，称之为生物风化层。这层剖面出现了细土的聚积，于是水分和养分条件有了重要的发展，苔藓植物就可能在地衣尸体和细土上生长起来，然后顺着生长地衣的地方扩展开来。最早生长在岩面的是匍匐于岩面的藓类，其匍匐枝沿着地衣体呈放射状向外伸展，而植枝直立的藓类常呈点状长于岩面低凹、隙缝中的细土上，然后呈环状或月牙状向外伸展，最后呈地毯状覆于岩面。此时，藓类比较粗根系深扎于岩体隙缝和盘缠在岩面生物风化层中。这样，就加强了生物物理风化层的化学和生物化学的作用，进一步聚积了细土，从而形成细土层。

随着风化和成土作用的继续加强，扩大了岩隙，而且细土和岩石碎屑不断填充期间，将岩体分割成为若干互不相连的部分，最后就变成由大量岩石碎块为骨架填充矿物碎片和细土的层次，即所谓细土砾质层，也就是相当于粗骨土的原始土壤，形成后的原始土上就可能出现高等植物。

当高等植物开始生命活动后，可以通过其发达的根系吸收自身所需要的各种养料组成自己的机体，并把无机态营养元素转化成相对稳定的有机物质。这时生物累积过程得到进一步加强。待这些生物（包括微生物及高、低等植物）死亡后，它们的残体又经过微生物的分解作用，一部分转化为植物生长可直接吸收的营养素（有机质的矿质化过程），一部分则重新合成为一种原来母质中所没有的腐殖质（有机物质的腐殖化过程）。当腐殖质出现后，就能够改善原来土壤无结构的状态，而形成一定数量的外披腐殖质胶膜的团粒状结构，同时增强土壤保蓄和供给植物生长所需要的水分、养分、空气和热量的能力。

成土母质在生物活动的参与下，由低级到高级逐步发展为具有肥力特性的土壤。但是，在自然界里，岩石的风化作用和生物作用是不能截然分开进行的，通常是同时同地反复交错地进行的，不断推动土壤的形成和发展。

由上可知，土壤疏松的三相结构的出现标志着土壤系统的形成，而三相相互作用所引发的物质与能量转换又推动土壤系统的发展。这个过程表现于有机质的累积和分解、黏土矿物的生成和分解、淋溶和淀积、氧化和还原以及土壤熟化等基本过程。其间经常处于不平衡状态。由于环境条件的多变性，决定了上述各种现象所发生的程度是不一样的，从而导致土壤朝某一方向发展，并形成特定的土壤类型。

二、土壤成土的基本过程

（一）有机质的累积和分解

动植物残体留在土壤表面，或进入土壤中，一方面进行矿质化作用，把有机物质变成简单无机物质；另一方面进行腐殖化作用，在微生物作用下，把分解后较简单的产物重新合成复杂有机物－腐殖质。土壤累积腐殖质后，在一定条件下，腐殖质又会缓慢分解，释放出养分。这两种作用所需的条件不同，如土壤温度高、水分适当、通气良好，则好氧微生物活动旺盛，以矿质化过程为主；相反，如土壤积水、温度低、通气不良，则厌氧微生物活动旺盛，而以腐殖化过程为主。

土壤腐殖质的累积对土壤形成起重要作用。首先，腐殖质和土壤上层矿物质相混合，使土壤矿物的颜色变暗黑，这就构成土壤剖面的腐殖质层。腐殖质具有胶体性质，带负电荷，能吸收各种盐基和氢离子，使土壤溶液呈酸性、中性及碱性等不同的反应，而且决定着土壤剖面的性状，影响各种类型土壤的形成。例如，温带湿润草原土壤，草本植物生长茂盛，而气候条件又利于有机质的累积，因而土壤的形成过程表现腐殖质过程强度较大；干旱草原土壤、荒漠草原土壤，以及荒漠土壤，腐殖化过程就逐渐减弱。因而腐殖化过程就成为区别上述一系列土壤形成过程的重要特征。再者，腐殖质的组成和性质也反映了不同土壤形成过程的特征。例如，在潮湿积水的沼泽地区，有机残体处于积水缺氧环境而得不到彻底的分解和转化，尤其是纤维、半纤维、木质素、树脂、蜡质等有机物质更难以分解，而以粗有机质和半腐有机质的形式累积于地表，形成泥炭。沼泽植物更迭死亡的过程，也就是泥炭的累积过程，这是沼泽土壤的一个特征。

　　土壤在进行腐殖质形成过程的同时，也进行着腐殖质的分解作用。腐殖质分解可产生有机酸和酸胶体，所以一般呈酸性反应。在寒湿郁闭的针叶林植被下，残落物富含单宁与树脂类物质，经真菌微生物分解产生以富里酸为主的有机酸，引起土壤强烈酸性淋溶作用，土壤中碱金属和碱土金属被淋失，硅、铝、铁发生分离，铁铝胶体也遭淋失，这就是灰化过程的基本特征。在阔叶林植被下，残落物富含盐基，在其分解过程中盐基不断中和有机酸，因而可以抑制酸性淋溶作用，棕壤的形成过程就有这个特点。

（二）黏土矿物的生成和破坏

　　在岩石风化作用和土壤形成过程中，一方面原生矿物遭到破坏；另一方面次生黏土矿物不断生成，而生成的黏土矿物又可能受到破坏和淋失。当黏土矿物的形成和积累超过其破坏和淋失，以致土体或某一土层的黏粒含量明显增加时，称为黏化作用。原生矿物就地形成次生黏土矿物，称为残积黏化作用。如果黏土矿物是经过迁移淀积的，称为淋淀黏化作用。

　　黏化作用的结果，使土壤某一层次明显聚积黏粒，这个土层称为黏化层，这是土壤形成过程的特征，在美国土壤系统分类中被作为诊断层看待。

在过湿地区，由于终年强烈淋洗作用，土体内的黏粒被淋洗出土体，或下迁到底层，这样只有黏粒的迁移，而难以在土体内形成黏化层。在干旱地区，降水量少，黏粒迁移量少，迁移深度也受限制，因此，这些地区的土壤淋淀黏化作用很弱，但有一定的残积黏化作用。在干湿交替地区，最有利于黏化层的形成。当湿季来临，干土浸湿时将导致土壤结构的破坏和黏粒分散，黏粒一旦分散即随渗漏水移动。当移动到一定深度，非毛管孔隙中的渗漏水被土壤毛管所吸持时，渗漏水即行停止，黏粒也就沉淀在非毛管孔隙壁上，所以淀积黏粒一般都紧贴在结构表面和土壤孔隙壁上。这种积聚达到明显的程度就形成黏化层。在相同气候条件下，森林植被因其树冠的影响，渗吸水量多，又因根系吸水多，增大了水势差，因此它的黏化作用一般比草本植物来得强烈。林地土壤的黏化层比草地土壤显著。新沉积物上的土壤很少有黏粒移动，因为没有很长时间是难以形成黏化层的。

如果次生黏土矿物包括次生氧化物的话，那么黏土矿物的数量是随气候由干到湿、由冷到暖的变化而逐渐增多的。例如，我国荒漠土和干草原土，小于 5 μm 粒级的土粒含量只有 2.7% ～ 11.1%，而草原土达 20% ～ 27%，棕色森林土为 24% ～ 38%，亚热带黄壤达 30% ～ 48%，红壤和砖红壤则高达 65% ～ 71%。但是，通常把次生铝硅酸盐黏土矿物脱硅后进一步彻底分解造成铁、铝氧化物富集的过程看成是亚热带、热带地区特有的土壤形成过程，并赋予另一个名称即富铝化作用。这样黏化作用所形成的次生黏土矿物只是指次生铝硅酸盐那一部分。在棕壤分布地区气候温暖湿润，雨季较长，而干季较短，十分有利于次生铝硅酸盐的形成。自然植被主要是落叶阔叶林，其残落物中灰分物质含量丰富，可以中和有机质分解所产生的酸，使土壤溶液近于中性反应，如果母质含钙丰富，则更有助于维持土壤溶液的中性，次生铝硅酸盐得以积聚，表现出明显的黏化作用。

如果土壤处于寒湿针叶林植被下，那么土壤黏土矿物在强烈酸性淋溶作用下将受到破坏，土壤表层除石英外的其他矿物将遭到淋失或从土体排出，其结果在残落物层下部，将形成强酸性的灰白色土层，称为灰化层。灰化层以下是铁、铝和腐殖质淀积的锈棕色淀积层，这些层次都是灰化作用的基本特征。

如果土壤碱化以后，由于雨水的淋溶作用及碱土柱状层不透水性的滞水作用，土壤胶体上的吸收性钠逐渐被 H^+ 代换，这样引起土壤中硅酸盐矿物遭到破坏而分离出简单的硅酸和铁铝三氧化物。铁铝三氧化物被淋洗至下层沉淀，而硅酸则由于失水变成粉末状残留于表层，出现漂白色，呈片状结构的脱碱层，这是脱碱作用的基本特征。

（三）土壤物质的淋溶和淀积作用

在土壤形成过程中，土壤中的固体颗粒和可溶性化学成分随土壤水向下淋洗，而这些物质除一部分流出土体外，其余将淀积于土壤剖面中，这样土壤剖面明显分化为淋溶层和淀积层。许多土壤都存在着这两个过程，只不过淋淀的程度和物质各有不同而已。

在半干旱气候条件下，土壤淋溶作用较弱，易溶性盐类如氯、硫、钠、钾等盐类大部分淋失，而钙、镁等盐类只是部分淋失或很少淋失，硅、铁、铝基本上未动，钙成为化学迁移中的标志元素。这样，土壤溶液与地下水均为钙离子所饱和，土壤表层残存的钙和植物残体分解所释放的钙，在雨季以重碳酸钙的形式向下淋洗；但当富含重碳酸盐的下淋溶液，由于土粒的吸收和蒸发等作用变干时，重碳酸盐分解又以碳酸盐的形式淀积于土体中的一定部位，形成石灰斑或各种形状的结核，其淀积的层次称为钙积层。这个过程称钙积过程。钙积过程广泛存在黑钙土、栗钙土、棕钙土等草原土壤中，但由于自然条件（主要是气候条件）的差别，钙积层出现的深度和厚度随土类而异。

在干旱、半干旱地区，蒸发量大于降水量，土壤或母质中分散的可溶性盐分，随土壤水向上移动重新淀积于土表和土壤上部，导致盐化作用，形成盐霜或盐结皮。盐土除滨海地区受海水浸渍影响外，其余多由于这个原因。

在潮湿地区，不论温度高低都可能有低价铁、锰在土壤中上下移动或随地下水移至远处，并在氧化条件下聚集为铁石或铁磐等。不论半干旱地区或潮湿地区都可能有氧化硅随土壤水和地下水淋洗，并就地，或在远处土层，或在母质中聚积成粉末状氧化硅，或胶结成硅质硬磐。

（四）土壤氧化还原作用

氧化还原作用在土壤中是十分普遍的现象，土壤中矿物质和有机质转化的许多反应都属于氧化还原过程。常见的有铁、锰、碳、氮、硫等氧化还原过程，这些过程在土壤形成过程中都起着重要的作用。这些元素以不同价态存在于不同的土壤环境中，在通气良好条件下，它们以高价态，即以氧化态出现；土壤渍水时，则转变为低价态，即以还原态存在（表1–3）。它们的价态变化，影响着土壤中一系列过程的进行，也影响着土壤性质和形态的变化。

表 1-3　土壤中主要元素的氧化还原形态

元素	氧化态	渍水土壤的还原形态
C	CO_2	CH_4
N	NO_3^-	N_2、NH_4^+
S	SO_4^{2-}	H_2S、S
Fe	Fe^{3+}	Fe^{2+}
Mn	Mn^{4+}	Mn^{2+}

　　土壤的氧化还原体系不是单一体系，而是有氧、硝酸盐、亚硝酸盐、锰、铁、硫，以及各种有机化合物参与的多种体系。但是，在一般情况下参与土壤氧化还原体系比较活跃的是铁和锰。在通气不良情况下，土壤中铁、锰易还原为低价铁、低价锰。低价铁、低价锰常形成易溶解的化合物，随水下渗。当因气候发生季节性干燥，土壤通气状况好转时，它可再氧化为高价铁、高价锰，其溶解度较小因而发生沉淀。在干湿季明显交替地区，低价铁、高价锰移动不远就氧化脱水而淀积。低价铁、锰在土壤剖面中移动时，低价铁先氧化而沉淀，而低价锰移至更深层次后才氧化脱水，形成黑色二氧化锰沉淀。铁、锰的氧化还原过程导致土壤潜育、潴育和白浆化过程的发生。

　　1. 潜育化过程

　　潜育化过程又称灰黏化过程或潜水离铁过程。它是由于土层长期被水浸润、空气缺乏，即处于厌氧状态，从而产生较多的还原性物质，其中高价铁、锰转化为低价铁、锰，从而形成蓝色或青灰色，这个过程称为潜育化过程。这个还原层次，称为潜育层，又称青泥层。

潜育化的过程，很早就引起各国学者的注意。早在 1905 年，维科茨基提出潜育过程的特征是：铁的淋失特别多，铝的淋失甚少；硅酸一般是积累的。20 世纪 40 年代，我国土壤学家沈梓培、陈家坊对潜育层和潴育层进行对比后认为，潜育层二氧化硅含量比表土高，氧化铁比表土低，这表明潜育层有铁的损失，但游离铁却以潜育层最高。1980 年，苏联土壤学家哥罗布诺夫等认为，在潜育条件下，土壤颜色变化与铁锰化合物有关。他提出潜育化土壤的特点是，土壤的pH 值提高，胶体的胶溶作用增强。同时，土壤中还原物质数量增加，活性的三、二氧化物的含量也有所提高。

潜育化过程是所有水成土共有的。沼泽土是泥炭积累和潜育过程共同的产物。潜育土与沼泽土一样具有潜育作用，所不同的是泥炭化作用较弱。草甸土通常也伴有潜育作用，但程度更弱。至于水稻土中的潜育层前身大多是沼泽土、潜育土或草甸沼泽土所残留，也就是说，水稻土的形成标志着潜育化过程正在向着减弱的方向发展。但如人为的灌溉不当和管理不善，这一过程也可能加强。这种人为因素引起的潜育化，称次生潜育或后生潜育。

2. 潴育化过程

潴育化过程是指土壤处于干湿交替的情况下，土壤铁、锰化合物经受氧化还原作用而发生的淋溶淀积过程。这通常发生于水稻土的形成过程中。当土壤处于淹水状态时，游离的氧化铁、锰将被还原为低价铁、锰化合物并发生淋溶移动。水稻土的淀积层水分不饱和，有一定比例的孔隙，使其处于氧化状态，表层淹水后所形成的低价铁、锰化合物下淋到这一层后而被氧化淀积，形成较多的锈纹、锈斑或铁锰结核，所以这一层称之斑纹层或潴育层。

我国人民创造潴育化过程的条件以提高水稻土的肥力具有丰富的经验。例如，氧化作用较盛的水稻土可灌水和施有机肥以促进还原条件，还原作用较盛的水稻土则可挖沟排水以创造氧化条件。对一般水稻土则先灌水和施用有机肥料使还原条件适当发展，然后根据水稻生长状况和土壤性质采用排水、烤田等措施，以调节土壤氧化还原状况，使耕作层在还原条件下土色较黑，而在排干后出现"红筋""鳝血"等锈纹、锈斑，从而提高土壤肥力。

3. 白浆化过程

白浆化过程指土壤表层由于上层滞水而发生的潴育漂洗过程。由于这类土壤中溢出的土壤水或地下水中含一定量乳白色悬浮物，状似白浆而得名。在降水较多的地区，黏重土壤透水不良，土壤表层经常处于周期性滞水状态，在还原条件下，表层和亚表层土壤中以胶膜状态包被于土粒上的铁、锰可被还原，因而出现大量的低价铁、锰化合物。在透水不良的心土层顶托下，这些低价铁、锰化合物随着侧渗水流出土层以外，或随着沿裂隙下溢的水流淀积于淀积层上部的结构面上。与此同时，土壤黏粒也发生机械淋洗。这样，在腐殖质层之下就出现白色土层，成为白浆化过程的主要特征。

白浆化过程是在周期性滞水状态下，发生的黏粒淋洗和铁、锰还原淋溶两个过程。白色土层中铁、锰和黏粒漂洗出土层以外以至脱色，这点与潴育和潜育过程是不同的。而它的黏粒是滞水机械淋洗，这点又与灰化过程在酸性条件下造成黏土矿物破坏而致淋溶又有不同。

（五）土壤的熟化过程

土壤熟化过程是人类定向培育土壤的过程。人类通过耕作、培肥和改良等措施，不断改变土壤原有的某些不良性状，使其朝向肥力提高的方向发展。自然土壤在其发育过程中，既存在着腐殖化、黏化等许多有利的作用，也存在着盐碱化等不利的作用。人们在了解和掌握土壤客观规律的基础上，可创造条件扭转不利的土壤形成和发展方向，促使土壤熟化的过程。例如，对热带、亚热带的砖红壤、红壤等，通过不断地治理淋溶作用、富铝化作用带来的土壤障碍因素，使土壤的酸度降低，土壤盐基饱和度升高，有机质和氮素储量增加，并提高土壤中磷的有效性等措施，来提高土壤的熟化程度。盐渍土的熟化过程是围绕着脱盐作用而进行的，通过灌排工程、耕作、轮作和施肥改良等措施，加速土壤脱盐和提高肥力，以促进盐渍土的熟化。沼泽土的地面水是与地下水相连的，全剖面处于还原状态，还原物质含量高，一般具有腐泥层，潜在养分较高。这种土壤的熟化过程是围绕排水和发挥土壤潜在肥力而进行的。开垦的初期，地下水位仍高，土壤尚处于水分饱和状况，土质腐烂。随着地下水位的降低，灌溉水和地下水分离，潜育作用逐渐减弱，于是由强度潜育发育成为中度潜育以至轻度潜育，如果氧化还原状况进一步改善，还可发育成为高产土壤。这样可使土壤中有机质进一步分解，潜在肥力得到发挥。草甸土耕作后，通过熟化过程，改造了原有的生草层，创造了耕作层，有机质、氮、磷等含量有所提高。又由于黏粒的移动和铁、锰在一定部位氧化淀积，逐渐改变了草甸土原有的层次和水分动态，形成犁底层，出现淀积现象。因此，熟化后的草甸土，不仅提高了土壤肥力而且剖面形态也有明显改变。

根据农业利用特点和对土壤的影响特点，土壤熟化可分为旱耕熟化与水耕熟化两种类型：

1. 旱耕熟化指在原来自然土壤的基础上，通过人为平整土地、耕翻、施肥、灌溉，以及其他改良措施，使土壤向有利于作物生长方向发育、演变。例如，使生土变熟土，熟土变肥土，低产土变高产土。随着熟化年限的延长，土壤理化性状和熟化度是不断提高的。在我国不同地区主要分为灌淤熟化、土垫熟化、泥垫熟化、肥熟化过程等类型。

2. 水耕熟化指在原来自然土壤的基础上，种植水稻，而为满足水稻生长的需要就要采用一系列水耕管理措施，达到稳水、稳温、稳肥、稳气条件。由于水耕熟化的结果，便会产生水稻土特殊的水耕表层和犁底层，其形态学特征和理化性状而与原来的土壤（起始土壤）有极大的区别。

三、其他成土过程

根据土壤系统物质、能量的交换、迁移、转化、累积的特点，土壤系统动态可有多种方式，除上述的潜育化过程、潴育化过程、白浆化过程和腐殖化过程外，还有以下几种：

（一）原始成土过程

在裸露的岩石表面或薄层的岩石风化物上着生低等植物，在地衣、苔藓及真菌、细菌等微生物的作用下，开始累积有机质，并为高等植物的生长发育创造了条件。这是土壤发育的最初阶段，即原始土壤的形成。

（二）灰化过程

灰化过程是指土体表层三、二氧化物及腐殖质淋溶、淀积而二氧化硅残留的过程。主要发生在寒温带针叶林植被下，其残落物中富含脂、蜡、单宁等的酸性有机分解产物，其灰分缺少盐基性元素，又因其残落物疏松多孔，有利于渗漏水分，导致强烈酸性淋溶。其结果是土体上部的碱金属和碱土金属淋失，土壤矿物中的硅、铝、铁发生分离，铁铝胶体络合淋溶淀积于下部，而二氧化硅则残留在土体上部，从而在表层形成一个灰白色淋溶层次，称灰化层，其下是灰化淀积层。

（三）黏化过程

黏化过程是指土体中黏粒的形成或淋溶、淀积而导致黏粒含量增加的过程。尤其在温带和暖温带半湿润、半干旱地区，土体中水热条件比较稳定，发生较强烈的原生矿物分解和次生黏土矿物的形成，或表层黏粒向下机械淋洗。一般在土体中、下层有明显的黏粒聚积，形成一个相对较黏重的层次，称黏化层。

（四）富铝化过程

在湿热气候条件下，土壤形成过程中原生矿物强烈分解，盐基离子和硅酸大量淋失，铁、铝、锰不断形成氧化物而相对积累，这种铁、铝的富集称富铝化过程。由于伴随硅以硅酸形式的淋失，亦称为脱硅富铝化过程。由于铁的氧化染色作用，土体呈红色，甚至出现大量铁结核或铁磐层。

（五）钙化过程

钙化过程是指碳酸盐在土体中淋溶、淀积的过程。在干旱、半干旱气候条件下，由于季节性淋溶，使矿物风化过程中释放出的易溶性盐类大部分被淋失，而硅、铁、铝等氧化物在土体中基本上不发生移动，而最活跃的钙、镁元素，则在土体中淋溶、淀积，并在土体的中、下部形成一个钙积层。

（六）盐渍化过程

盐渍化过程是指易溶性盐类在土体上部的聚积过程。这是干旱少雨气候带及高山寒漠带常见的现象，特别是在暖温带荒漠地区，土壤盐类积聚最为严重。成土母质中的易溶性盐类，富集在排水不畅的低平地区或凹地，在蒸发作用下，使盐分向土体表层聚集，形成盐化层。其中硫酸盐和氯化物是主要的盐类，硝酸盐和硼盐出现很少。在滨海地区，受海水的浸渍也发生盐渍化过程。

（七）碱化过程

碱化和盐化是有密切联系的，但有本质区别。土壤碱化过程是指土壤吸收复合体上钠的饱和度很高，即交换性钠占阳离子交换量的20%以上，水解后，释出碱性物质，其pH值可高达9以上，呈强碱性反应，并引起土壤理化性质恶化的过程。从土壤吸收复合体上除去Na^+离子，称脱碱化。

（八）泥炭化过程

在排水不良的地方，分解度很低的有机物质聚集成层。这些有机物主要是苔藓，或是沼泽植物的残体乃至于动物与昆虫的尸体，在潮湿与偏酸性的环境中，无法完全腐败分解，沉积在沼泽底部，大部分形成了泥炭，有时还保留有机体的组织原状，这就是泥炭化过程。

（九）机械淋洗

机械淋洗是指黏粒成浮悬态并机械移动。浮悬着的细黏粒和较少量的粗黏粒及细粉沙通过土体裂隙和孔洞下移，而在 B 层富集。B 层比 A 层有较大的细黏粒 / 全部黏粒的比值。B 和 C 层中还出现黏粒胶膜。一些移动性黏粒可以是 A 层中的风化产物或是在土壤发育期间加到土壤中的风积物。

（十）土壤扰动

土壤扰动是指土壤受到扰动混合的过程，所有的土壤都有某些扰动混合。土壤扰动有：动物性土壤扰动，如蚁类、蚯蚓、啮齿动物，以及由人引起的土壤扰动混合；植物性土壤扰动，如树木翻倒，形成土坑和与土堆的扰动混合；冻结性土壤扰动，例如，冻原和高山景观中，由冻融循环，使土壤扰动混合而产生的多角形结格式的地面；黏土性扰动，由于膨胀性黏粒的频繁胀缩活动，使土体层中物质扰动混合；空气性土壤扰动，指在降雨或雨后土中气体活动造成的土壤扰动混合；水流性土壤扰动，指在土体层中水流涌出地面引起的土壤扰动混合；结晶性土壤扰动，指晶体成长如岩盐结晶而引起的土壤扰动混合；地震性土壤扰动，指震荡显著的地震震颤引起的土壤扰动。

（十一）络合淋溶作用

土壤上层的金属离子与有机配位体结合成络合物或螯合物向下淋溶而淀积，并在土壤剖面中形成浅色的淋溶层和深色的淀积层，称为络合淋溶作用或螯合淋溶作用。

金属－有机络合物的溶解作用，严格受 pH 值和 Eh 值的控制。例如，铁和铝在酸性条件下的溶解度较大，生成可溶性铁、铝络合物较多，如果有足够的水流，就能发生较强的淋溶作用。铁和铝的淋溶作用一般在 pH 值低于 5 的土层出现，在移动过程中，如果到达 pH 值较高的层次，Fe^{2+} 和 Al^{3+} 易于形成氢氧化物沉淀。在还原条件下，一些金属离子主要是铁和锰转变成还原状态，溶解度明显增加，从而也形成了大量可溶性 Fe^{2+}、Mn^{2+} 与腐殖中羧基和多元酚等有机络合物，这些络合物移动性大，当络合物移至 Eh 值较高的土层中后，Fe^{2+} 和 Mn^{2+} 被氧化而沉淀。

（十二）铁质网纹化作用

铁质网纹化作用指在湿热气候条件下，母质中盐基、氧化硅淋失，而铁、铝相对地聚集，从而形成铁质网纹物质或砖红物质。在持久的潮湿条件下，铁质网纹物质是软的，但如暴露在大气中或由于地下水位的下降，通过脱水作用则不可逆地硬结化，以致成为坚硬的砖红物质或硬化的铁石。坚硬的砖红物质可呈现结核状和网纹状的硬磐，还可能有蜂窝状扁豆状胞囊状和胶结铁子状砖红物质等。现今存在的许多砖红物质，如我国的海南岛东北部、庐山一带和澳大利亚的昆士兰州以及非洲刚果盆地等地，大多是第三纪时期的遗物。然而，不少报道认为这些砖红物质也可能是现代形成的。

（十三）铁解作用

铁解作用指在周期性氧化铁还原为低价铁的影响下，土壤黏粒的分解和转化作用。在还原阶段，游离铁由于有机物质的氧化和氢离子的形成而还原，亚铁离子取代了交换性阳离子的位置，而被置换的阳离子遭淋失，或部分淋失。又在好氧条件下，亚铁离子被氧化，产生氢氧化铁和氢离子，氢离子取代交换性亚铁，并腐蚀黏土矿物八面体边缘。同时与氢离子等当量的铝扩散出来，一些镁离子以及一些其他离子也从八面体边缘释放出来，这一作用导致黏粒的破坏，交换量降低，土壤变酸。

土壤形成有多种过程。一种土壤的形成通常不止一种过程，而是有一种主要的过程，又有其他若干附加的过程。例如，在红壤、黄壤的形成过程中，不仅有强烈的富铝化过程，而且还伴有程度不同的腐殖化过程、黏化过程；黑钙土的发生、发育，不仅有强烈的腐殖化过程，而且还有土壤碳酸钙的淋溶和淀积过程；水稻土的形成过程不仅有人类耕作熟化的过程，而且还有腐殖化、潴育化或潜育化过程。当土壤形成的附加过程发展到一定程度时，土壤就朝着另外的成土方向发展。例如，在灰化土地区，由于森林植被的衰退和草本植被的侵入，导致了土壤腐殖化过程的发展，从而使原来的典型灰化土逐渐变成了生草灰化土。在草甸土的形成过程中，由于各种原因引起的盐化作用，可以形成盐化草甸土，当盐化过程处于优势时，则可形成草甸盐土。

在大多数情况下，自然界中的各种土壤是某种主要成土过程和某些附加成土过程共同作用的结果，研究土壤的形成过程可以为土壤的分类和分布、土壤的利用和改良、土壤区划和农业生产规划等提供科学依据。

第二章

土壤的组成和性质

第一节 土壤的组成

土壤是由固、液、气三相物质构成的复杂的多相体系。土壤固相包括矿物质、有机质和土壤生物；在固相物质之间为形状和大小不同的孔隙，孔隙中存在水分和空气。土壤是以固相为主，三相共存。三相物质的相对含量因土壤种类和环境条件而异。土壤组成成分的比例（体积分数）为：矿物质约45%，有机质约5%，水20%～30%，空气20%～30%。

一、土壤矿物质

矿物质是土壤中最基本的组成，重量占土壤固体物质总重量的90%以上。矿物质通常是指天然元素或经无机过程形成并具结晶结构的化合物。地球上大多数土壤矿物质都来自各种岩石，这些矿物经物理和化学风化作用从母岩中释放出来时，就成为土壤矿物质和植物养分的主要来源。土壤矿物质按其成因可分为原生矿物和次生矿物两类。

1. 原生矿物。指在物理风化过程中产生的未改变化学成分和结晶构造的造岩矿物，如石英、云母、方解石等（图2-1），属于土壤矿物质的粗质部分，形成砂粒（直径在2 mm～0.05 mm之间）和粉砂（直径在0.05 mm～0.002 mm之间）。原生矿物主要有四类：①硅酸盐类矿物；②氧化物类矿物；③硫化物类矿物；④磷酸盐类矿物。

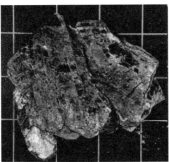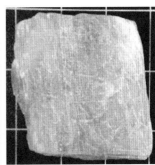

图 2-1　石英（左）；黑云母（中）；方解石（右）

2. 次生矿物。指原生矿物经化学风化后形成的新矿物，其化学成分和晶体结构均有所改变。次生矿物包括：①简单盐类；②三氧化物；③次生铝硅酸盐。其中，三氧化物和次生铝硅酸盐是土壤矿物质中最细小的部分，常称为黏土矿物，如高岭石、蒙脱石、伊利石、绿泥石、褐铁矿和三水铝土等，它们形成的黏粒（直径小于 0.002 mm）具有吸附、保存离子态养分的能力，使土壤具有一定的保肥性。土壤矿物质的主要元素组成及其占比情况见（表 2-1）。

表 2-1　地壳和土壤的平均化学组成（重量 %）

元素	地壳中	土壤中	元素	地壳中	土壤中
O	47.0	49.0	Mn	0.10	0.085
Si	29.0	33.0	P	0.093	0.08
Al	8.05	7.13	S	0.09	0.085
Fe	4.65	3.80	C	0.023	2.0

元素	地壳中	土壤中	元素	地壳中	土壤中
Ca	2.96	1.37	N	0.01	0.1
Na	2.50	1.67	Cu	0.01	0.002
K	2.50	1.36	Zn	0.005	0.005
Mg	1.37	0.60	Co	0.003	0.0008
Ti	0.45	0.40	B	0.003	0.001
H	（0.15）	?	Mo	0.003	0.0003

二、土壤有机质

土壤有机质指土壤中含碳有机化合物的总称。有机质按重量计算只占土壤固体总重量的5％左右。土壤有机部分主要可以分为两类：原始组织及其部分分解的有机质和腐殖质。原始组织包括高等植物未分解的根、茎、叶；动物分解原始植物组织，向土壤提供的排泄物和死亡之后的尸体等。这些物质被各种类型的土壤微生物分解转化，形成土壤物质的一部分。因此，土壤植物和动物不仅是各种土壤微生物营养的最初来源，也是土壤有机部分的最初来源。这类有机质主要累积于土壤的表层，约占土壤有机部分总量的10％～15％。有机组织经由微生物合成的新化合物，或者由原始植物组织变化而成的比较稳定的分解产物便是腐殖质，通常与矿质土粒结合在一起，是土壤有机质的主要部分。约占土壤有机部分总量的85％～90％。有机质的含量在不同土壤中差异很大，高的可达200g/kg，低的不足 5g/kg。腐殖质是一种复杂化合物的混合物，通常呈黑色或棕色，性质上为胶体状，它具有比土壤无机组成中黏粒更强的吸持水分和养分离子的能力，因此，少量的腐殖质就能显著提高土壤的生产力。

1. 土壤有机质的组成与性质

土壤有机质的基本元素组成是 C、O、H、N（其中 C 占 52%～58%、O 占 34%～39%、H 占 3.3%～4.8%、N 占 3.7%～4.1%），其次是 P 和 S，C/N 比大约在 10～12 之间。主要的化合物组成是木质素和蛋白质；其次是半纤维素、纤维素以及可溶于乙醚和乙醇等溶液的化合物。

2. 土壤有机质的形态

（1）新鲜的有机物质。指那些刚进入土壤不久，仍保持原来生物体解剖学上特征的那些动、植物残体，基本上未受到微生物的分解作用。

（2）半腐解的有机物质。指多少受到微生物作用的植物残体，已失去解剖学上的特征，多为暗褐色的碎屑和小块，如泥炭（草炭）。

（3）土壤腐殖质。经微生物改造后的有机物质，是一类特殊的有机化合物。通常与矿质土粒结合在一起，是土壤有机质的主要部分。

3. 土壤有机质的转化

（1）土壤有机质矿质化过程。把复杂的有机物转变为简单的化合物，最后变成无机物 CO_2、H_2O、NH_3、H_2、$H_2PO_4^{2-}$、SO_4^{2-} 等的过程。

（2）土壤有机质腐殖化过程。把有机质矿化过程中形成的中间产物合成为比较复杂的有机化合物——腐殖质的过程，称为腐殖化过程。

三、土壤生物

土壤中充满了从微小的单细胞有机体到大的掘土动物，证明土壤是一种具有活性的物质，例如在每立方厘米耕层中细菌的数量可达 10^9 个以上，而在每立方厘米的森林土壤中，螨虫的数量亦可达到 10^4 个。

土壤中的生物群可以分为土壤植物区系和土壤动物区系。土壤植物区系包括细菌、放线菌、真菌、藻类以及生活于土壤中的高等植物器官（根系）等；土壤动物区系包括至少有部分生活史是在土壤中度过的所有动物，其种类繁多。

土壤生物是土壤有机质的重要来源，又主导着土壤有机质转化的基本过程。土壤生物对进入土壤中的有机污染物的降解以及无机污染物的形态转化起着重要作用，是土壤净化功能的主要贡献者。

四、土壤水分

大气降水渗入土壤内部，填充土壤中的孔隙，形成土壤中的水分。根据水分在土壤中的存在方式，通常可分为吸湿水、膜状水、毛管水和重力水。

1. 土壤水分的类型

（1）吸湿水（紧束缚水）。由于固体土粒表面分子引力和静电引力对空气中的水汽分子产生的吸附力而紧密保持的水分称吸湿水，通常只有 2 个～ 3 个水分子层。吸湿水定向排列，而且排列紧密，水分不能自由移动，也没有溶解能力，属于无效水。土壤吸湿水含量的高低主要取决于土粒的比表面积和大气相对湿度。土壤的吸湿水含量达到最大值时的土壤含水量称为最大吸湿量。

（2）膜状水（松束缚水）。吸湿水达到最大量时，土粒残余的吸附力所保持的水分称膜状水。膜状水厚度可达到几十个水分子层厚度，部分可以被植物吸收利用，但是它仍然受到土粒吸附力的束缚，移动缓慢，仍然不能满足植物的需要。膜状水达到最大量时的土壤含水量称为最大分子持水量。

（3）毛管水。当土壤水分含量达到最大分子持水量时，土壤水分就不再受土粒吸附力的束缚，成为可以移动的自由水，这时靠土壤毛管孔隙的毛管引力而保持的水分称为毛管水。毛管水可分为：①毛管上升水。地下水随毛管上升而保持在土壤中的水分称毛管上升水。毛管上升水与地下水位有密切的关系，它的有效性取决地下水位。毛管上升水达到最大量时的土壤含水量称土壤毛管持水量。②毛管悬着水。在地下水位很深的地区，降雨或灌水之后，由于毛管引力而保持在土壤上层中的水分，称为毛管悬着水。它与地下水位没有关系，好像悬浮在土层中一样，它是植物水分的重要来源，对植物的生长意义重大。毛管悬着水达到最大量时的土壤含水量称田间持水量。

（4）重力水。土壤含水量超过田间持水量时，多余的水分受到重力的作用而向下渗透，这种水分称重力水。重力水达到饱和时，土壤所有的孔隙都充满水分，这时的土壤含水量称为饱和持水量或全持水量。对于旱地土壤来说，重力水只是暂时停留在根系分布土层，不能被植被持续利用，而且重力水的存在会与土壤空气发生尖锐的矛盾，往往成为多余水或有害水。对于水稻来讲，重力水的存在则是必需的。

2. 土壤水分的有效性

土壤水分的有效性是指土壤水分能够被植物吸收利用的难易程度，不能被植物吸收利用的称无效水，能被植物吸收利用的称为有效水。土壤有效水分的下限是萎蔫系数，它是植物根系因为无法吸水而产生永久萎蔫时的土壤含水量。通常是把土壤水吸力达到 1.5Mpa 时的土壤含水量当作萎蔫系数。

旱地土壤有效水分的上限是田间持水量

旱地土壤有效水分得最大量 = 田间持水量 − 萎蔫系数

五、土壤空气

土壤空气来源于大气，它存在于未被水分占据的空隙中，但其性质与大气圈中的空气明显不同。首先，土壤空气是不连续的。由于不易于交换，局部孔隙之间的空气组成往往不同。其次，土壤空气一般含水量高于大气。在土壤含水量适宜时，土壤空气的相对湿度接近 100%。再次，土壤空气中 CO_2 含量明显高于大气，可以达到大气中浓度的几倍到上百倍，O_2 的含量略低于大气，N_2 的含量则与大气相当。这是由于植物根系的呼吸和土壤微生物对有机残体的好气性分解，消耗了土壤孔隙中的 O_2，同时产生大量 CO_2 的缘故。

土壤空气对作物生长的影响：

1. 土壤空气影响种子萌发和根系的发育

① 种子萌发需水分与氧气，氧气不足时容易产生烂种；②根系

生长需一定氧气，氧气含量低则不长新根或烂根；③不同作物缺氧的忍耐力不同。

2. 土壤空气影响土壤养分状况

① 氧气多少影响矿化及养分供给；②影响根对养分吸收，如玉米缺氧时根对养分吸收能力依下列次序递减：$K > Ca > Mg > N > P$；③影响养分存在形态，一般氧化态养分易被作物吸收利用。

3. 土壤空气影响植物抗病性

通气不良容易产生还原性气体，如 H_2S、CH_4、H_2、NH_3 等会严重危害作物生长，CO_2 过多致使土壤酸度增高，致使霉菌发育，植株生病。

第二节　土壤的性质

一、土壤的物理性质

土壤的物理性质在很大程度上决定着土壤的其他性质，例如土壤养分的保持、土壤生物的数量等。因此，物理性质是土壤最基本的性质，它包括土壤的质地、结构、比重、容重、孔隙度、颜色、温度等方面。本节择其主要的性质予以介绍。

1. 土壤质地

质地表示土壤颗粒的粗细程度，也即砂、粉砂和黏粒的相对比例。植物生长中许多物理、化学反应的程度都受到质地的制约，这是因为它决定着这些反应得以进行的表面积。按照土壤颗粒的大小，可以划分出不同的土壤粒级（表2-2）。

表2-2 卡庆斯基制土壤粒组分类表

物理性砂粒	砂粒	粗	1 ～ 0.5
		中	0.5 ～ 0.25
		细	0.25 ～ 0.05
	粉砂粒	粗	0.05 ～ 0.01
		中	0.01 ～ 0.005
物理性黏粒		细	0.005 ～ 0.001
	黏粒	粗	0.001 ～ 0.0005
		中	0.0005 ～ 0.0001
	胶粒		< 0.0001

根据砂、粉砂和黏粒在土壤中按不同比例的组合情况，便可以进行土壤质地的分类。图（2-2）中给出了黏土、壤土、粉砂土和砂土4种基本土壤类型和12种不同土壤类别的粒级比例。例如图中A点代表一个土壤样本含有15％的黏粒，65％的砂和20％的粉砂，其质地类别名称是砂质壤土；图中B点代表一个含有等量的砂、粉砂和黏粒的土壤样本，其质地类别名称是黏壤土。实际上不同土壤的质地是渐变的。

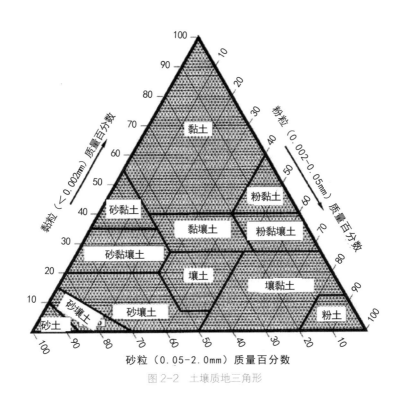

图 2-2　土壤质地三角形

2. 土壤结构

土壤结构就是指土壤颗粒（砂、粉砂和黏粒）相互胶结在一起而形成的团聚体，也称土壤自然结构体。团聚体内部胶结较强，而团聚体之间则沿胶结的弱面相互分开。土壤结构是土壤形成过程中产生的新性质，不同的土壤和同一土壤的不同土层中，土壤结构往往各不

相同。土壤团聚体按形态分为球状、板状、块状和棱柱状四种（表
2-3）。

表 2-3   土壤团聚体形态和所处位置

团聚体名称	球状	板状	块状	棱柱状
团聚体形态				
通常所处的土层	A 层	E 层	B 层	B 层

由于多数土壤团聚体的体积较单个土粒为大，所以它们之间的
孔隙往往也比砂、粉砂和黏粒之间的孔隙大得多，从而可以促进空气
和水分的运动，并为植物根系的伸展提供空间，为土壤动物的活动
提供通道。由此可见，土壤结构的重要性在于它能够改变土壤的质
地。在各种土壤结构中，球状团粒结构对土壤肥力的形成具有最重
要的意义。

3. 土壤孔隙度

土壤孔隙度是指单位体积土壤中孔隙体积所占的百分数。土壤
质地和土壤结构对土壤孔隙、土壤容重和土壤密度有很大影响。当容
重和密度增加时，孔隙的体积便减小，反之，孔隙的体积则增大。就
表土来说，砂质土壤的孔隙度一般为 35%～50%，壤土和黏性土则
为 40%～60%，有机质含量高，且团粒结构好的土壤的孔隙度甚至

可以高于 60%。但紧实的淀积层的孔隙度可低至 25%～30%。

土壤孔隙的大小不同，粗大的土壤颗粒之间形成大孔隙（孔径大于 0.1 mm），细小的土壤颗粒如黏粒之间则形成小孔隙（孔径小于 0.1 mm）。一般来说，砂土的容重大，总孔隙度较小，但大部分是大孔隙，由于大孔隙易于通风透水，所以砂质土的保水性差。与此相反，黏土的容重小，总孔隙度较大，且大部分是小孔隙，由于小孔隙中空气流动不畅，水分运动主要为缓慢的毛管运动，所以黏土的保水性好。由此可见，土壤孔隙的大小和孔隙的数量是同样重要的。

4. 土壤温度

温度既是土壤肥力的因素之一，也是土壤的重要物理性质，它直接影响土壤动物、植物和微生物的活动，以及黏土矿物形成的化学过程的强度等。例如，在 0℃以下，几乎没有土壤生物的活动，影响矿物质和有机质分解与合成的生物、化学过程是很微弱的；在 0～5℃之间，大多数植物的根系不能生长，种子难以发芽。

土壤温度的状况受到土壤质地、孔隙度和含水量的影响，主要表现为不同土壤的比热和导热率的差异。

土壤比热指单位质量（g）土壤的温度增减 1K 所吸收或放出的热量（J/g.K），它仅相当于水的比热的 1/5。因此，水分含量多的土壤在春季增温慢，在秋季降温也慢；相反，水分含量少的土壤在春季增温快，在秋季降温也快。此外，不同质地和孔隙度的土壤，其比热也不同，砂土的孔隙度小，比热亦小，土温易于升高和降低，黏土则相反。

土壤导热率指单位截面（1 cm²）单位距离（1 cm）相差 1K 时，

单位时间内传导通过的热量，单位是 J/（cm.s.K）。土壤三相组成中以固体的导热率最大，其次是土壤水分，土壤空气的导热率最小。因此，土壤颗粒越大，孔隙度越小，则导热率越大；反之，土壤颗粒越小，孔隙度越大，则导热率越小。例如砂土的导热率比黏土要大，其升温和降温都比黏土迅速。

二、土壤的化学性质

存在于土壤孔隙中的水通常是土壤溶液，它是土壤中化学反应的介质。土壤溶液中的胶体颗粒担当着离子吸收和保存的作用；土壤溶液的酸碱度决定着离子的交换和养分的有效性；土壤溶液的氧化还原反应则影响着有机质分解和养分有效性的程度。因此，土壤化学性质主要表现在土壤胶体性质、土壤酸碱度和氧化还原反应三个方面，下面分别予以介绍。

1. 土壤胶体性质

如前所述，次生黏土矿物和腐殖质是土壤中最为活跃的成分，它们呈胶体状态，具有吸收和保存外来的各种养分的性能，是土壤肥力形成的主要物质基础。

胶体一般是指物质颗粒直径在 1 nm ～ 100 nm 之间的物质分散系。土壤胶体颗粒的直径通常小于 1 μm，它是一种液－固体系，即分散相为固体，分散介质为液体。根据组成胶粒物质的不同，土壤胶体可分为有机胶体（如腐殖质）、无机胶体（黏土矿物）和有机－无机复合胶体三类。由于土壤中腐殖质很少呈自由状态，常与各种次生矿物紧密结合在一起形成复合体，所以，有机－无机复合胶体是土壤胶体存在的主要形式。

由于胶体颗粒的体积很小，所以胶体物质的比面（单位体积物质的表面积）非常大。土壤中胶体物质含量越多，其所包含的面积也就越大。据估算，在 10^4 m^2 的土地面积上，如果 20 cm 深的土层内含直径为 1 μm 的黏粒为 10%，则黏粒的总面积将超过 7×10^8 m^2。根据物理学的原理，一定体积的物质比面越大，其表面能也越大。因此，胶体含量越高的土壤，其表面能也越大，从而养分的物理吸收性能便越强。

胶体的供肥和保肥功能除了通过离子的吸附与交换来实现之外，还依赖于胶体的存在状态。当土壤胶体处于凝胶状态时，胶粒相互凝聚在一起，有利于土壤结构的形成和保肥能力的增强，但也降低了养分的有效性；当胶体处于溶胶状态时，每个胶粒都被介质所包围，是彼此分散存在的，虽可使养分的有效性增加，但易引起养分的淋失和土壤结构的破坏。土壤中的胶体主要处于凝胶状态，只有在潮湿的土壤中才有少量的溶胶。

2．土壤酸碱度

土壤酸碱是土壤盐基状况的一种综合反映。土壤酸度是由 H^+ 引起的，而土壤碱度则与 OH^- 的数量有关。H^+ 大大超过 OH^- 的土壤溶液呈酸性；而 OH^- 大大超过 H^+ 的土壤溶液呈碱性；如果两种离子的浓度相等，土壤溶液则呈中性。

土壤的活性酸度是由土壤溶液中游离的 H^+ 造成的，通常用 pH 值表示。化学上把溶液中氢离子浓度的负对数定义为 pH 值，对于土壤而言，pH 值就是土壤溶液中氢离子浓度的负对数。根据 pH 值的高低，可将土壤分为若干的酸碱度等级（图 2-3）。

另一种酸度称为潜在酸度，是土壤胶体所吸附的 H^+ 和 Al^{3+} 被交换出来进入土壤溶液中所显示的酸度。因为这些离子在被交换出来之前并不显示酸度，因此得名。

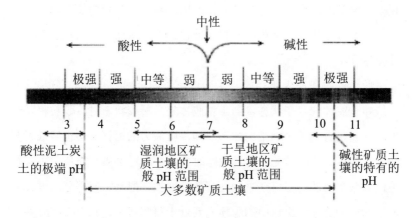

图 2-3　土壤酸碱度分级及其 pH 值变化范围

活性酸度和潜在酸度在本质上并没有截然的区别，二者保持着动态平衡的关系，可用反应式表示：

$$\begin{array}{ccc}\text{吸附的 }H^+\text{ 和 }AL^{3+} & & \text{土壤溶液中 }H^+\text{ 和 }AL^{3+} \\ \text{潜在酸度} & \Longleftrightarrow & \text{活性酸度}\end{array}$$

假如加入石灰物质来中和土壤溶液的 H^+ 使酸度降低，上述反应将向右进行，结果是更多地吸附性氢和铝移动出来进入土壤溶液，变为活性酸度，使土壤酸度不会降低过快；而当较多的 H^+ 加入到土壤溶液之中时，溶液酸度升高，上述反应将向左进行，更多的 H^+ 被胶核所吸附，变为潜在酸度，使土壤酸度不会升高过快。土壤这种对酸化和碱化的自动协调能力称为土壤的缓冲作用，它使得土壤 pH 值具有稳定性，从而给高等植物和微生物提供了一个比较稳定的化学环境。

3．氧化还原反应

在土壤溶液中经常地进行着氧化还原反应，它主要是指土壤中某些无机物质的电子得失过程。根据化学知识，一个原子或离子失去电子称为被氧化，它本身是还原剂；而一个原子或离子得到电子称为被还原，它本身是氧化剂。土壤中存在着多种多样的氧化还原物质，在不同的条件下，它们参与氧化还原过程的情况是不同的。

土壤中的氧化作用主要由游离氧、少量的 NO_3^- 和高价金属离子如 Mn^{4+}、Fe^{3+} 等引起，它们是土壤溶液中的氧化剂，其中最重要的氧化剂是氧气。在土壤空气能与大气进行自由交换的非渍水土壤中，氧是决定氧化强度的主要体系，它在氧化有机质时，本身被还原为水：$O_2 + 4H^+ + 4e \rightarrow 2H_2O$。在土壤淹水的条件下，大气氧向土壤的扩散受阻，土壤含氧量由于生物和化学消耗而降低。如果土壤中缺氧，则其他氧化态较高的离子或分子成为氧化剂。

土壤中的还原作用是由有机质的分解、嫌气微生物的活动，以及低价铁和其他低价化合物所引起的，其中最重要的还原剂是有机质，在适宜的温度、水分和 pH 值等条件下，新鲜而未分解的有机质还原能力很强，对氧气的需要量非常大。

一般来说，氧化态物质有利于植物的吸收利用，而还原态物质不但有效性降低，甚至会对植物产生毒害。

第三章

土壤与植物生长

第一节　概述

一粒种子落入土中，在适当的条件下，它就要生根、发芽，长成一棵植物，在经历几个生育阶段以后，它又会结出丰硕的籽实。在植物生长的过程中，它需要各种生活条件，如空气、热量（温度）、光、机械支撑、养分和水分。

土壤是岩石圈表面能够生长植物的疏松表层，是陆地植物生活的基质，它提供植物生活所必需的矿物质元素和水分，是生态系统中物质与能量交换的重要场所；同时，它本身又是生态系统中生物部分和无机环境部分相互作用的产物。经过长期的研究，人们逐渐认识到土壤肥力是土壤物理、土壤化学、土壤生物等性质的综合反映，这些基本性质都能通过直接或间接的途径影响植物的生长发育。要提高土壤的肥力，就必须使土壤同时具有良好的物理性质（土壤的质地、结构、容量、孔隙度）、化学性质（土壤的酸度、有机质、矿质元素）和生物性质（土壤中的动物、植物、微生物）。

土壤是植物生长发育的基础。土壤供给植物正常生长发育所需要的水、肥、气、热的能力，称为土壤肥力。土壤的这些条件互相影响，互相制约，若水分多了，若土壤的通气性就差，有机质分解慢，有效养分少，而且容易流失；相反，土壤水分过少，又不能满足植物所需要的水分，同时由于好气菌活动强烈，土壤的有机质分解过快，也会造成养分不足。各种植物对土壤酸碱度都有一定的要求。多数植物适于在微酸性或中性土壤上生长。植物生长发育需要有营养保证，需从土壤中吸收氮、磷、钾、钙、镁、硫、铁、锰、硼、锌、钼等养分，其中尤以氮、磷、钾的需要最多。就养分来讲，它们对植物所起的作用，犹如人类需要粮食一样重要。

植物通过根把土壤和植株紧密地联系在一体，土壤作为载体，通过根系，不但把植株牢牢固定在土地上，同时，将土壤容纳大量的矿物质元素和水分，源源不断地提供给植物体，为植株的生长发育提供物质保障。质地良好、肥沃的土壤是植物健壮生长的首要条件，而健康的根系是植物成长的基础和根本。

第二节　植物根系

一、根系分类

根是植物的营养器官，通常位于地表下面，负责吸收土壤里面的水分及溶解其中的无机盐，并且具有支持、繁殖、贮存、合成有机物质的作用。根系是一株植物全部根的总称。根系有两类，分别是直根系和须根系。

1. 主根、侧根、不定根及假根

根据根的发生部位不同，可以分为主根、侧根、不定根和假根四类。种子萌发时胚根首先突破种皮、向下生长，这种由胚根直接生长形成的根，称为主根，有时也称为直根。当主根生长到一定长度时，就会从内部侧向生出许多支根，称为侧根。侧根与主根往往形成一定角度，当侧根生长到一定长度时，又能生出新的次一级的侧根，这样的多次反复分枝，形成整株植物的根系，例如棉花、菜豆、油菜等双子叶植物的根系，主根和侧根都是从植物体固定部位生长出来的，均属于定根。此外还有许多植物除产生定根外，还能从茎、叶、老根或胚轴上生出根来，这些根发生的位置不固定，都称为不定根。不定根也能不断地产生分枝，即侧根。禾本科植物的种子萌发时形成的主根，存活期不长，以后由胚轴上或茎的基部所产生的不定根所代替。农、林、园艺工作上，利用枝条、叶、地下茎等能产生不定根的习性，而进行大量的扦插、压条等营养繁殖。

假根指一种单一的或多细胞的在菌丝下方生长出发丝状根状菌丝，伸入基质中吸收养分并支撑上部的菌体，呈根状外观。假根在藻类、菌类、地衣、苔藓和一些蕨类植物（包括蕨类植物的配子体）中，生于植物体的下面或基部，具有固着植物体和微弱的吸收功能的根样结构。它和真根有明显不同。在来源上，假根是从植物体的表面细胞或基部细胞延伸而成（地衣类是由地衣体下面的菌丝束延伸而成），而真根大多是由胚根发育而来（主根），或由中柱鞘细胞发育而来（侧根），也有的是从茎或叶上生出来（不定根）。从结构上，假根都很简单，不少为单细胞结构，如地钱、蕨的原叶体和伞藻等的假根。有的为多细胞结构，如葫芦藓等的假根。也有些假根形成固着器，如海带等。无论何种假根，其内部均无维管组织，尖端也无根冠。而真根的结构都较复杂，内部都有维管组织，并具有根冠。真根的功能也为固着植物体和吸收水分和无机盐，但其效率要比假根高得多。凡具假根的植物进化水平都较低，具真根的植物进化水平都较高。

2．直根系与须根系

（1）直根系。植物的根系由一明显的主根（由胚根形成）和各级侧根构成。大部分双子叶植物都具有直根系，如陆地棉大豆等。大多乔林，灌木以及某些草本植物，例如雪松、石榴、蚕豆、蒲公英、甜菜、胡萝卜、萝卜等植物的根系是直根系。直根系的特点是主根明显，从主根上生出侧根，主次分明。从外观上，主根发育强盛，在粗度与长度方面极易与侧根区别。由扦插、压条等营养繁殖所长成的树木，它的根系由不定根组成，虽然没有真正的主根，但其中一两条不定根往往发育粗壮，外表类似主根，具有直根系的形态，这种根系习惯上也看成直根系。

（2）须根系。植物的须根系由许多粗细相近的不定根（由胚轴和下部的茎节所产生的根）组成。在根系中不能明显地区分出主根（这是由于胚根形成主根生长一段时间后，停止生长或生长缓慢造成的）。大部分单子叶植物都为须根系，如高粱、香附子等。禾本科植物如稻、麦、各种杂草、苜蓿以及葱、蒜、百合、玉米、水仙等根系都是须根系。须根系的特点是种子萌发时所发生的主根很早退化，而由茎基部长出丛生须状的根，这些根不是来自主根，而是来自茎的基部，是后来产生的，称为不定根。不定根的数量非常惊人，如一株成熟的黑麦草有 1500 万条根及根的分支，根总长度达到 644 km，根表面积有一个排球场大，占有 0.57 m^3 的土壤。植物根系形态如（图 3-1）。

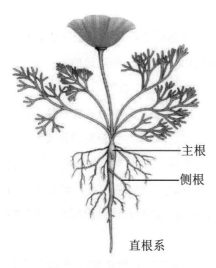

主根

侧根

直根系　　　　　　　　　　须根系

图 3-1　直根系（左）和须根系（右）

二、根的结构

根的结构由根尖结构（图 3-2）、初生结构和次生结构三部分组成。根尖是主根或侧根尖端，是根的最幼嫩、生命活动最旺盛的部分，也是根的生长、延长及吸收水分的主要部分。根尖分成根冠、分生区、伸长区和成熟区。根生长最快的部位是伸长区。伸长区的细胞来自分生区。由根尖顶端分生组织经过细胞分裂、生长和分化形成了根的成熟结构，这种生长过程为初生生长。在初生生长过程中形成的各种成熟组织属初生组织，由它们构成根的结构，就是根的初生结构。若从根尖成熟区作一横切面可观察到根的全部初生结构，从外至内分为表皮、皮层和维管柱三部分。根的次生结构是由形成层细胞分裂形成的结构，与根尖、茎尖生长椎分生组织细胞分裂形成的初生结构相区别。一般木本植物的根深达 10 m ～ 12 m，而生活在沙漠地区的骆驼刺可深入地下 20 m，以吸收地下水。单子叶植物，如禾本科的植物，其须根入土只有 20 cm ～ 30 cm。论伸展的直径，木本科植物可达 10 m ～ 18 m，超过其树冠直径。禾本科植物只有 40 cm ～ 60 cm。木本科植物的根吸收面积可达 400 平方米。

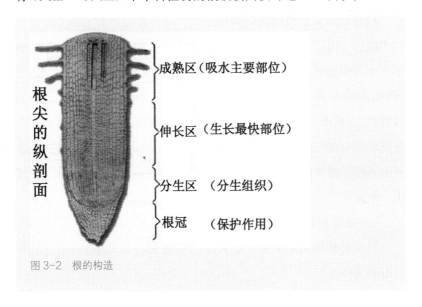

图 3-2　根的构造

三、根系功能

1. 吸收水分

根系从土壤中吸收水分的最活跃部位是根端的根毛区。通常仅由根系的活动而引起的吸水现象，称为主动吸水，而把由地上部分的蒸腾作用所产生的吸水过程，称为被动吸水。根系从土壤中吸收矿物质是一个主动的生理过程，它与水分的吸收之间，各自保持着相对的独立性。根部吸收矿质元素最活跃的区域是根冠与顶端分生组织，以及根毛发生区。土壤中的各种离子先吸附在根表面，然后经能量转换，通过细胞膜进入细胞中，再由细胞间的离子交换，进入维管柱的木质部导管。

根系对养分的吸收包括两种方式。其一是根系对土壤养分的主动"截获"。其二是在植物生长与代谢活动（如蒸腾、吸收）的影响下，土壤中的养分向根系表皮的迁移，成为"质流和扩散"。"截获"养分是依靠根系不断生长时，生长出的新根系所接触的土壤中直接吸收养分。"质流"由于植物蒸腾的作用，是根际水势下降，溶解在土壤里的养分随土壤水分迁移到植物的根表部位的过程。"扩散"是指养分通过扩散（自由流动）而迁移到根表的过程，这种养分流动速度慢、距离短。

2. 固着和支持作用

根系将植物的地上部分牢固地固着在土壤中，因此，根是具有固着和支撑作用。

3. 合成能力

根部能进行一系列有机化合物的合成转化。其中包括可以组成蛋白质的氨基酸，如谷氨酸、天门冬氨酸和脯氨酸等；还有各类植物激素，如乙酸、细胞分裂素、少量的乙烯等。

4．贮藏功能

根的薄壁组织发达，是贮藏物质的场所，因此根是具有贮藏功能。

5．输导功能

输导功能是由根尖以上的部位来完成的。由根毛和表皮细胞吸收的水和无机盐通过根的维管组织输送给茎和叶，而叶所制造的有机物也通过茎送到根，由根的维管组织输送到根的各部分，维持根的生长和生活。

6．菌根和根瘤

许多植物的根系与土壤中的微生物建立了共生关系，在植物体上形成菌根或根瘤。某些种子植物的根与土壤真菌共生所形成的共生体，称为菌根。根据真菌对寄主皮层细胞浸染的情况，又分为两种类型分别是外生菌根和内生菌根。外生菌根，真菌形成一鞘层，即菌丝罩，整个包裹着幼根的外部，只有少数菌丝侵入到根皮层的细胞间隙中，如松树、栎树等。内生菌根，真菌形成不明显的罩子，而大部分菌丝均侵入到根部皮层的细胞内部，如兰属、草莓等。菌根真菌的菌丝如同根毛一样，起吸收水分与矿质营养的作用，还能将土壤中的矿质盐和有机物质，转变为易于寄主吸收的营养物质，还可制造维生素等供给根系。而寄主植物分泌的糖类、氨基酸及其他有机物质又可供真菌生活，因此两者为共生关系。豆科植物与根瘤细菌的共生体为根瘤。根瘤的维管束与根的维管柱连接，两者可互通营养，一方面豆科植物将水分及营养物质供给根瘤细菌的生长；另一方面根瘤细菌也将固定合成的铵态氮，通过输导组织运送给寄主植物。

第三节 植物必需的营养元素

根是植物生长的结构基础，而营养元素则是植物生长的物质基础。植物生长发育必需供给 16 种化学元素，否则植物就不能维持生命。最早发现的 10 种必需元素是碳、氢、氧、氮、磷、钾、钙、镁、硫、铁。后来由于科学实验方法的不断改进，所使用的试剂纯度和培养器皿质量的提高，减少了杂质混入营养溶液的可能性，人们发现要使植物正常生长发育，除以上 10 种元素外，还应包括硼、锰、铜、锌、钼、氯 6 种化学元素。所有这 16 种化学元素就称为必需营养元素。

碳、氢、氧 3 种元素在植物体内含量最多，占植物干重的 90% 以上，是植物有机体的主要组成成分，它们以各种碳水化合物，如纤维素、半纤维素和果胶等形式存在，是细胞壁的组成物质。它们还可以构成植物体内的活性物质，如某些植物激素。它们也是糖、蛋白、脂肪酸类化合物的组成成分。此外，氢和氧在植物体内生物氧化还原反应过程中也起到很重要的作用。由于碳、氢、氧主要来自空气中的二氧化碳和水，因此一般不考虑肥料的施用问题。

来自土壤的 13 种矿质营养元素，可分成三类：

大量营养元素：氮、磷、钾。

中量营养元素：钙、镁、硫。

微量营养元素：含量只占干物质重量的千分之几到十万分之几。包括铁、硼、锰、铜、锌、钼、氯 7 种。

由于作物利用大量营养元素数量较大，这些元素通常在土壤中容易出现短缺。中量营养元素和微量营养元素的利用量小，不常表现缺乏。但是在作物产量提高后，一些中量和微量元素也会缺乏。由于，各种土壤供给养分的能力是不相同的。这主要是受成土母质种类和土壤形成时所处环境条件等因素的影响，使它们在养分的含量上有很大差异，尤其是植物能直接吸收利用的有效态养分的含量更是差异悬殊。在各种营养元素之中，氮、磷、钾 3 种是植物需要量和收获时带走量较多的营养元素，而它们通过残茬和根的形式归还给土壤的数量却不多。因此往往需要以施用肥料的方式补充这些养分。

一、大量营养元素

1. 氮素

氮是植物体内许多重要有机化合物的成分，在多方面影响着植物的代谢过程和生长发育。氮是蛋白质的主要成分，是植物细胞原生质组成中的基本物质，也是植物生命活动的基础，没有氮就没有生命现象。氮是叶绿素的组成成分，又是核酸的组成成分，植物体内各种生物酶也含有氮。此外，氮还是一些维生素（如维生素 B1、B2、B6 等）和生物碱（如烟碱、茶碱）的成分。

氮素对植物生长发育的影响十分显著。当氮素充足时，植物可合成较多的蛋白质，促进细胞的分裂和增长，因此植物叶面积增长快，能有更多的叶面积用来进行光合作用。

此外，氮素的丰缺与叶子中叶绿素含量有密切的关系，这就使得我们能从叶面积的大小和叶色深浅上来判断氮素营养的供应状况。

在苗期，一般植物缺氮往往表现为生长缓慢，植株矮小，叶片薄而
小，叶色缺绿发黄。禾本科作物则表现为分蘗少，生长后期严重缺氮
时，则表现为穗短小，籽粒不饱满。在增施氮肥以后，对促进植物生
长健壮有明显的作用。往往施用后，叶色很快转绿，生长量增加。但
是氮肥用量不宜过多，过量施用氮素时，叶绿素数量增多，能使叶子
更长久地保持绿色，以致有延长生育期、贪青晚熟的趋势。对一些块
根、块茎作物（如糖用甜菜），氮素过多时，有时表现为叶子的生长
量显著增加，但具有经济价值的块根产量却少得使人失望。作物缺氮
症状如（图3-3）。

图3-3 缺氮水稻（左）与正常水稻（右）

另外，氮素化合物在植株体内移动性大，并可重复利用，有从

老叶向新叶流动的特性，所以缺氮时先从老叶开始。某些作物如番茄、架豆表现症状为叶脉和叶柄上呈现深紫色；苹果缺氮时，老叶枯黄或变紫，叶脉和叶柄呈现红色，叶片提早脱落。氮素过多时，易促进植株体内蛋白质和叶绿素大量形成，造成茎叶徒长，影响通风透光，茎秆软弱，抗病虫、抗倒伏能力差，延迟成熟，品质变差。

我国土壤全氮含量的基本分布特点是东北平原较高，黄淮海平原、西北高原、蒙新地区较低，华东、华南、中南、西南地区中等。大体呈现南北较高，中部略低的分布。但南方略高主要指水稻土，旱地含氮量很低。

我国大部分耕地的土壤全氮含量都在 0.2% 以下，这就是为什么我国几乎所有农田都需要施用化学氮肥的原因。

我国农田相对严重缺氮的土壤主要分布在我国的西北和华北地区。如果把土壤全氮含量等于 0.075% 作为严重缺氮的界限，严重缺氮耕地超过面积一半的有山东、河北、河南、陕西、新疆这五个省区。

2．磷

磷在植物体中的含量仅次于氮和钾，一般在种子中含量较高。磷对植物营养有重要的作用。植物体内几乎许多重要的有机化合物都含有磷。磷是植物体内许多有机化合物的组成成分，又以多种方式参与植物体内的各种代谢过程，在植物生长发育中起着重要的作用。磷是核酸的主要组成部分，核酸存在于细胞核和原生质中，在植物生长发育和代谢过程都极为重要，是细胞分裂和根系生长不可缺少的。磷是磷脂的组成元素，是生物膜的重要组成部分。磷还是其他重要化合物的组成成分，如三磷酸腺苷、各种脱氢酶、氨基转移酶等。磷具有提高植物的抗逆性和适应外界环境条件的能力。磷能促进早期根系的形成和生长，提高植物适应外界环境条件的能力，有助于植物耐过冬天的严寒。磷能提高许多水果、蔬菜和粮食作物的品质。磷有助于增强一些植物的抗病性。磷有促熟作用，对收获和作物品质是重要的。

　　植物缺磷时植株生长缓慢、矮小、苍老、茎细直立，分枝或分蘖较少，叶小，呈暗绿或灰绿色而无光泽，茎叶常因积累花青苷而带紫红色。根系发育差，易老化。由于磷易从较老组织运输到幼嫩组织中再利用，故症状从较老叶片开始向上扩展。缺磷植物的果实和种子少而小，成熟延迟，产量和品质降低。轻度缺磷的植物外表形态不易表现，不同作物症状表现有所差异。油菜籽叶期即可出现缺磷症状，叶小色深，背面紫红色，真叶迟出，直挺竖立，随后上部叶片呈暗绿色，基部叶片暗紫色，尤以叶柄及叶脉较为明显，有时叶缘或叶脉间出现斑点或斑块，分枝节位高，分枝少而细瘦，荚少粒小，生育期延迟。同属十字花科的白菜、甘蓝缺磷时也出现老叶发红、发紫。缺磷大豆开花后叶片出现棕色斑点，种子小，严重时茎和叶均呈暗红色，根瘤发育差。番茄幼苗缺磷生长停滞，叶背紫红色，成叶呈灰绿色，蕾、花易脱落，后期出现卷叶。根菜类叶部症状少，但根肥大不良。洋葱移后幼苗发根不良，容易发僵。马铃薯缺磷植株矮小，僵直，暗绿，叶片上卷。黄瓜缺磷整株矮小发僵，暗绿，老叶出现红褐色焦枯。甜菜缺磷植株矮小，暗绿，老叶边缘黄或红褐色焦枯。藜科植物菠菜缺磷也植株矮小，老叶呈红褐色。禾谷类作物植株明显瘦小，不分蘖或少分蘖，叶片直挺，不仅每穗粒数减少且籽粒不饱满，穗上部常形成空瘪粒。缺磷水稻植株紧束，呈"一炷香"株型，叶片及茎为暗绿色或灰蓝色，叶尖及叶缘常带紫红色，无光泽。缺磷水稻未老先衰。缺磷小麦苗期叶鞘呈特别明显的紫色，新叶呈暗绿色，分蘖不良。缺磷小麦叶片细狭，叶尖发焦，穗小，穗上部的小花不孕或空粒。缺磷大麦和燕麦矮小僵直，叶尖焦黄，个别老叶呈暗紫色。缺磷玉米植株瘦小，茎叶大多呈明显的紫红色，缺磷严重时老叶叶尖枯萎呈黄色或褐色，花丝抽出迟，雌穗畸形，穗小，结实率低，推迟成熟（图3-4）。棉花缺磷叶色暗绿，蕾、铃易脱落，严重时下部叶片出现紫红色斑块，棉铃开裂，吐絮不良。果树缺磷整株生育不良，老叶黄化，落果严重，含酸量高，品质降低。柑橘缺磷新梢生长停止，小叶密生，叶上有坏死斑点，老叶青铜色，枝和叶柄带紫色，果实质粗、皮厚、疏松，未成熟即变软。苹果和梨缺磷叶幼小，暗绿色，成叶深暗带紫、无光泽，呈青铜色，叶背、叶柄及新梢均呈紫色，有时有褐色小斑发生，叶与梢枝成锐角。桃缺磷成叶红紫或青铜色，叶辐狭长，叶柄、叶背、叶脉带紫红色。草莓缺磷植株矮小，色暗绿，下位叶呈红紫色。葡萄缺磷生长缓慢，老叶边缘变为红褐色，果串减少。香蕉缺磷生长缓慢，症状由老叶开始，初期墨绿色，后期呈现褐紫斑，继而坏疽成锯齿状。十字花科作物、豆科作物、番茄、茄子及甜菜等是对磷极为敏感的作物。其中油菜、番茄常作为缺磷指示作物。玉米、芝麻属中等需磷作物，在严重缺磷时，也表现出明显症状。小麦、棉花、果树对缺磷的反应不甚敏感。根据各种作物缺磷后的不同症状，可以初步判断作物缺磷与否及其程度。结合植株、土壤的化学指标，可以进一步确诊。

图 3-4　缺磷的玉米叶片与玉米穗

我国缺磷土壤面积约为 10.09 亿亩，主要是北方石灰性土壤、东北白浆土、红壤、紫色土和低产水稻土。所谓缺磷土壤一般是指土壤有效磷小于 10 mg/kg 的土壤。缺磷土壤面积大于该省区耕地面积 75% 的省份遍布我国东南西北，这就是磷肥为我国第二大化肥工业的根本原因。

3．钾

钾是植物的主要营养元素，同时也是土壤中常因供应不足而影响作物产量的三要素之一。农作物含钾与含氮量相近而比磷含量高，且在许多高产作物中，含钾量超过含氮量。钾与氮、磷不同，它不是植物体内有机化合物的成分。迄今为止，尚未在植物体内发现含钾的有机化合物。钾呈离子状态溶于植物汁液之中，其主要功能与植物的新陈代谢有关。

钾能够促进光合作用，缺钾使光合作用减弱。钾能明显地提高植物对氮的吸收和利用，并很快转化为蛋白质。由于钾离子能较多地累积在作物细胞之中，因此使细胞渗透压增加并使水分从低浓度的土壤溶液中向高浓度的根细胞中移动。在钾供应充足时，作物能有效地利用水分，并保持在体内，减少水分的蒸腾作用。钾的另一特点是有助于作物的抗逆性。钾的重要生理作用之一是增强细胞对环境条件的调节作用。钾能增强植物对各种不良状况的忍受能力，如干旱、低温、含盐量、病虫危害、倒伏等。

作物缺钾时，一般是老叶和叶缘先发黄，严重时焦枯似灼烧状，但叶脉为绿色。叶片上出现褐色斑点，茎细弱，结实性差，籽粒不饱满，十字花科和豆科及棉花等叶片脉间失绿，呈花斑叶，植株早衰（图3-5）。果树缺钾时，叶缘变黄，果实小，着色不良，品质下降。小麦易倒伏，抗旱、抗寒性降低。钾过剩时，会抑制镁、钙的吸收。

图 3-5 缺钾的水培小白菜

虽然大多数土壤含有大量的钾，但是在整个生长季节中对植物有效的比例很小。对植物生长有效的有两种土壤钾，分别是存在于土壤水中的可溶性钾和疏松地被土壤黏粒及有机质以可交换态保持着的交换性钾。土壤交换性钾是衡量土壤钾素供应能力的重要指标。一般来说，土壤交换性钾低于 100 mg/kg，就有可能缺钾。

我国目前缺钾土壤主要集中在海南、广东、广西、江西，这几个省缺钾面积都在 75% 以上；其次是福建、浙江、湖南、湖北和四川；而广大的东北、西北和西藏等地区缺钾所占比例小于 25%。

二、中量营养元素和微量营养元素

1. 中量营养元素

通常把植物体中含量 0.1% ~ 0.5% 的元素称为中量元素。钙、镁、硫三种元素在植物体中的含量分别为 0.5%、0.2%、0.1%，因此，钙、镁、硫三种元素属于中量元素，也是必须元素。近年来，由于氮、磷、钾肥料施用量不断增加，产量的不断提高，农作物对于中量元素的需求也变得迫切，施用中量元素将会取得明显的效果。

（1）钙

钙能稳定生物膜结构，保持细胞完整性，在植物离子选择性吸收、生长、衰老、信息传递以及植物抗逆性方面有重要作用。

钙能促进根和叶子发育，形成细胞壁的化合物，加固了植物结构。钙有助于减少植物中的硝酸盐。钙不仅能影响代谢作用，而且能中和代谢过程中所产生的有机酸，起到调节体内 pH 值的功能。它能消除某些离子过多所产生的毒害。对酸性土，它能减少土壤中氢离子、铝离子的毒害；对碱性 它能减少钠离子过多的毒害。

植物缺钙症状：缺钙时，植株矮小，根系生长很差，茎和根尖的分生组织受损。严重缺钙时，植物幼时卷曲，叶尖有黏化现象，叶缘发黄，逐渐枯死，根尖细胞则腐烂、死亡。植物缺钙往往并不是土壤缺钙，而是由于植物体内钙的吸收和运输等生理作用失调而造成的。

土壤中的钙：我国土壤全钙含量不同的地区差异很明显。高温多雨湿润地区，不论母质含钙多少，在漫长的风化、成土过程中，钙受淋失后含钙量都很低，如红壤、黄壤的全钙含量在 4g/kg 以下；而在淋溶作用弱的干旱、半干旱地区，土壤含钙量通常在 10g/kg，土壤一般不缺钙。

（2）镁

镁是叶绿素的组成成分，叶绿素 a 和叶绿素 b 中都含有镁，对植物的光合作用、碳水化合物的代谢和呼吸作用具有重要意义

镁是一切绿色植物所不可缺少的元素，因为它是叶绿素的组成成分。叶绿素中均含有镁，可见，镁对光合作用有重要作用。镁是许多酶的活化剂，能加强酶促反应，因此有利于促进碳水化合物的代谢和植物的呼吸作用。镁在磷酸盐代谢、植物呼吸和几种酶系统的活化中也有辅助作用。

植物缺镁症状：钾肥使用过量会影响植物对镁的吸收，同时施用大量的石灰和铵态氮肥也会影响镁的吸收。植物缺镁首先表现出叶绿素减少，植株矮小，叶片脉间失绿，随发展失绿部分转变为黄色或白色，叶脉仍为绿色。这是与缺铁、氮、锌等元素症状的主要区别。在作物中镁是较易移动的元素，故症状在老叶特别是老叶尖先出现。果树缺镁时果实小，严重时不能发育。

土壤中的镁：缺镁常发生在质地轻的沙土和沙壤土上。我国南方地区受其生物气候条件的影响，大部分土壤中的含镁矿物已分解殆尽，土壤有效镁含量较低，供镁潜力也较低。南方地区大量使用的钙镁磷肥是镁素的主要来源，长期大量施用的地区不缺镁。此外，钾肥的施用，增加了对镁的需求。经济作物也需要较多的镁。

（3）硫

硫是构成蛋白质和酶不可缺少的成分，在植物体内许多蛋白质都含有硫。在蛋白质合成中，硫和氮有密切关系。缺硫时，蛋白质形成受阻，而非蛋白态氮会累积，从而影响作物的产量和产品中蛋白质

含量。硫有助于酶和维生素的形成。硫能促进豆科植物上的根瘤形成，并有助于籽粒生产。

植物缺硫症状：缺硫植株呈淡绿色，一般先呈现在较幼嫩的叶片上。随着缺硫严重，叶片渐趋皱缩。植株虽然在幼苗阶段可能死亡，但叶片只在极度缺硫情况下才死亡。在有机质含量低的砂质土壤中，降雨量多的地区缺硫最常见。植株可能于生育初期，特别当天气寒冷潮湿时，许多土壤表现出淡绿色的缺硫外观。

土壤中的硫：土壤硫主要通过降雨携带的来自大气的二氧化硫得到补充，也通过含硫肥料和杀虫剂补充。我国的南方 10 省，地处热带和亚热带地区，因高温多雨，土壤硫易分解淋失，因此缺硫的可能性较大。其中江西省土壤含硫量最低，21 世纪初赣南等地农民就有硫黄沾秧根的经验。近年来硫肥的研究受到重视，目前已有包括南方和北方 18 个省份报道硫肥有显著的增产效应。

2. 微量营养元素

微量营养元素（硼、铜、氯、铁、锰、钼、锌）与大量营养和中量营养元素一样，对植物营养同等重要，尽管通常植物对它们的需求量并不多，但它们中有任何一个缺乏也会限制植物生长。人们对微量营养元素的需要已经知道多年了，但以肥料形式广泛使用是相当近期的事。

（1）硼

硼不是植物体内的结构成分，但它对植物的某些重要生理过程有着特殊的影响。硼能促进碳水化合物的正常运转。植物缺硼时，叶内有大量碳水化合物积累，影响新生组织的形成、生长和发育，并使叶片变厚、叶柄变粗、裂化。硼还能促进生长素的运转，为花粉粒萌发和花粉管生长所必需，也是种子和细胞壁形成所必需的。硼与碳水化合物运输有密切关系，它还有利于蛋白质的合成和豆科作物固氮。

植物缺硼症状：缺硼时，植物生长点和幼嫩叶片的生长，植株生长受抑制并影响产量和品质。严重缺硼时，幼苗期植株就会死亡。硼能促进植物生殖器官的正常发育。在植物体内含硼量最高的部位是花，因此缺硼常表现为甘蓝型油菜"花而不实"，花期延长，结实很差。棉花出现"蕾而无花"，只现蕾不开花。小麦出现"穗而不实"，结实少，籽粒不饱满。花生出现"存壳无仁"等现象。果树缺硼时，结果率低、果实畸形，果肉有木栓化或干枯现象。

（2）铜

铜是作物体内多种氧化酶的组成成分，因此，在氧化还原反应中铜有重要作用。它还参与植物的呼吸作用，影响到作物对铁的利用，在叶绿体中含有较多的铜，因此铜与叶绿素形成有关。不仅如此，铜还具有提高叶绿素稳定性的能力，避免叶绿素过早遭受破坏，这有利于叶片更好地进行光合作用。

缺铜症状：缺铜时，叶绿素减少，叶片出现失绿现象，幼叶的叶尖因缺绿而黄化并干枯，最后叶片脱落。缺铜也会使繁殖器官的发育受到破坏。

（3）氯

确定氯是植物生长发育所必需的营养元素比其他元素较晚一些，因为对它的生理作用了解得不够，植物对氯的需要量比硫小，但比任何一种微量元素的需要量要大。植物光合作用中水的光解需要氯离子参加。而大多数植物均可从雨水或灌溉水中获得所需要的氯。因此，作物缺氯症难于出现。氯有助于钾、钙、镁离子的运输，帮助调节气孔保卫细胞的活动减少损失。

氯离子对很多作物有不良影响。如烟草施用大量含氯的肥料会降低其燃烧性，薯类作物会减少其淀粉的含量等。

（4）铁

铁在植物中的含量不多，通常为干物重的千分之几。铁是形成叶绿素所必需的，缺铁时便产生缺绿症，叶片呈淡黄色，甚至为白色。铁是一些酶的成分对呼吸作用和代谢过程有重要作用。

铁在植物体中的流动性根小，老叶子中的铁不能向新生组织中转移，因而它不能被再度利用。

植物缺铁症状：缺铁时，下部叶片能保持绿色，而嫩叶呈现失绿症。

（5）锰

锰对植物的生理作用是多方面的，它是多种酶的成分和活化剂，能促进碳水化合物和氮的代谢，与作物生长发育和产量有密切关系。

锰与绿色植物的光合作用、呼吸作用以及硝酸还原作用都有密切的关系。锰能加速萌发和成熟，增加磷和钙的有效性。

植物缺锰症状：缺锰时，植物光合作用明显受到抑制。缺锰症状首先出现在幼叶上，表现为叶脉间黄化，有时出现一系列的黑褐色斑点。

（6）钼

钼对豆科作物及自生固氮菌有重要作用，能促进豆科作物固氮。

钼在作物体内的生理功能主要表现在氮素代谢方面。钼还能促进光合作用的强度以及消除酸性土壤中活性铝在植物体内累积而产生的毒害作用。

植物缺钼症状：作物缺钼的共同表现是植株矮小，生长受抑制，叶片失绿、枯萎以致坏死。豆科作物缺钼，根瘤发育不良，瘤小而少，固氮能力弱或不能固氮，由于豆科作物对钼有特殊的需要，故易发生缺钼现象，为此，钼肥应首先集中施用在豆科作物上。缺钼在酸性土壤的可能性最大，砂质土壤缺钼要比黏质土壤常见。

（7）锌

锌是植物某些酶的组成元素。锌也是促进一些代谢反应必需的。锌对于叶绿素生成和形成碳水化合物是必不可少的。

植物缺锌症状：果树缺锌在我国南北方均有所见，除叶片失绿外，在枝条尖端常出现小叶和簇生现象，称为"小叶病"。严重时枝条死亡，产量下降。在北方常见有苹果树和桃树缺锌，而南方柑橘缺锌现象较普遍。此外，梨、李、杏、樱桃、葡萄等也可能发生缺锌。水稻缺锌表现为"稻缩苗"，玉米白苗有时也是缺锌所引起的。

土壤含锌从每亩几十克到几公斤。细质地土壤通常比砂质土壤含锌高。随着土壤 pH 值升高，锌对植物生长的有效性降低。

三、营养元素缺乏原因

土壤中营养元素缺乏有以下几个原因：

1. 土壤贫瘠。由于受成土母质和有机质含量等的影响，土壤中某些种类营养元素的含量偏低。

2．不适宜的 pH 值。土壤 pH 值是影响土壤中营养元素有效性的重要因素。在 pH 值低的土壤中（酸性土壤），铁、锰、锌、铜、硼等元素的溶解度较大，有效性较高；但在中性或碱性土壤中，则因易发生沉淀作用或吸附作用而使其有效性降低。磷在中性（pH 值为 6.5 ～ 7.5）土壤中的有效性较高，但在酸性或石灰性土壤中，则易与铁、铝或钙发生化学变化而沉淀，有效性明显下降。通常是生长在偏酸性和偏碱性土壤的植物较易发生缺素症。

3．营养元素比例失调。如大量施用氮肥会使植物的生长量急剧增加，对其他营养元素的需要量也相应提高。如不能同时提高其他营养元素的供应量，就导致营养元素比例失调，发生生理障碍。土壤中由于某种营养元素的过量存在而引起的元素间拮抗作用，也会促使另一种元素的吸收、利用被抑制而促发缺素症。如大量施用钾肥会诱发缺镁症，大量施用磷肥会诱发缺锌症，等等。

4．不良的土壤性质。主要是阻碍根系发育和为害根系呼吸的性质，使根的养分吸收面过狭而导致缺素症。

5．恶劣的气候条件。首先是低温，它一方面影响土壤养分的释放速度，另一方面又影响植物根系对大多数营养元素的吸收速度，尤以对磷、钾的吸收最为敏感。其次是多雨常造成养分淋失，我国南方酸性土壤缺硼缺镁均与雨水过多有关。但严重干旱，也会促进某些养分的固定作用和抑制土壤微生物的分解作用，从而降低养分的有效性，导致缺素症发生。

第四章

土壤里的微生物

第一节 概述

土壤生物是物质（元素）转化的主要驱动者，是土壤生态系统的核心，深刻影响着土壤质量。土壤生物是维系陆地生态系统中地上和地下相互作用的纽带，在全球物质循环和能量流动过程中发挥着不可替代的作用。土壤生物可以通过影响土壤植物系统中污染物的迁移转化、病原菌及抗生素抗性基因的存活与传播而最终影响人类健康。而且，由于土壤是地球关键带的重要组分，影响着水圈、大气圈、生物圈和岩石圈的物质循环和平衡。土壤生物作为生物地球化学过程的引擎，驱动与其他各圈层之间发生活跃的物质交换和循环，在全球环境变化中也扮演着重要的角色。

土壤微生物是土壤生物的重要组成部分之一，几乎所有的土壤过程都直接或间接地与土壤微生物有关。在土壤生态系统中土壤微生物的作用主要体现在：①分解土壤有机质和促进腐殖质形成。②吸收、固定并释放养分，对植物营养状况的改善和调节有重要作用。③与植物共生、促进植物生长，如豆科植物的结瘤固氮。④在土壤微生物的作用下，土壤有机碳、氮不断分解，是土壤微量气体产生的重要原因。⑤在有机物和重金属污染治理中起重要作用。另外，土壤微生物对土壤基质的变化敏感，其群落结构组成和生物量等可以反映土壤的肥力状况。近年来，将土壤微生物群落结构组成、土壤微生物生物量、土壤酶活性等，作为土壤健康的生物指标来评价退化生态系统的恢复进程并且用来指导生态系统管理已逐渐成为研究热点。

　　土壤微生物生物量是土壤有机质中有生物的部分，它的大小反映了参与调控土壤中能量和养分循环以及有机物质转化的微生物数量。通常情况下，土壤微生物生物量与土壤有机碳含量关系密切，土壤有机碳含量高，土壤微生物生物量也相应较高。土壤微生物生物量与地表植被类型关系密切，森林土壤中的细菌与真菌生物量明显高于草地。与此同时，土壤微生物生物量也与人类的干扰活动有关。例如免耕土壤中细菌与真菌的生物量均较高，而耕作活动加速了土壤微生物对有机质的消耗，使得土壤有机碳、氮含量低于免耕土壤，同时其土壤中的微生物数量和生物量也显著减少。

　　土壤微生物群落结构主要指土壤中主要微生物类群（包括细菌、真菌、放线菌）在土壤中的数量及各类群所占的比率，其结构和功能的变化与土壤理化性质的变化有关。土壤的结构、通气性、水分状况、养分状况等对土壤微生物均有重要影响，在熟化程度高和肥力好的土壤中，土壤微生物数量较多，细菌所占比例较高；而在干旱及难分解物质较多的土壤中，土壤微生物数量较少，细菌所占比例较低，而真菌和放线菌所占比例相对较高。土壤退化或受损会影响到土壤微生物的多样性。土壤微生物数量、种类及其组成会随土壤受污染与退化的程度发生变化。一般来说，土壤退化或受损对土壤微生物的数量及种类产生的是负面影响，但某些耐性微生物种类在被污染土壤中的数量反而增加。

　　总之，微生物是土壤生态系统的灵魂和中心。土壤微生物的种类很多，包括细菌、真菌、放线菌、藻类和原生动物等，数量也很大。一般土壤越肥沃，微生物越多。

第二节　土壤微生物的主要类群

　　土壤是微生物生长和栖息的良好基地，土壤具有绝大多数微生物生活所需的各种条件，是自然界微生物生长繁殖的良好基地，其原因在于：土壤含有丰富的动植物和微生物残体，可供微生物作为碳源、氮源和能量来源；土壤含有大量而全面的矿质元素，供微生物生命活动所需；土壤中的水分都可满足微生物对水分的需求；不论通气条件如何，都可适宜某些微生物类群的生长。通气条件好可为好氧性微生物创造生活条件，通气条件差，处于厌氧状态时又成了厌氧性微生物发育的理想环境。土壤中的通气状况变化时，生活其间的微生物各类群之间的相对数量也起了变化。土壤的 pH 值范围处于 3.5～10 之间，多数在 5.5～8.5 之间，而大多数微生物的适宜生长 pH 值也在这一范围。即使在较酸性或较碱性的土壤中也有较耐酸、喜酸或较耐碱、喜碱的微生物发育繁殖，各得其所地生活着。土壤温度变化幅度小而缓慢，夏季土壤温度比空气温度低，而冬季土壤温度又比空气温度高，这一特性极有利于微生物的生长。土壤的温度范围恰是中温性和低温性微生物生长的适宜范围。因此，土壤是微生物资源的巨大宝库。事实上，许多对人类有重大影响的微生物种大多是从土壤中分离获得的，如大多数产生抗生素的放线菌就是分离自土壤。

　　土壤中微生物的类群、数量与分布，由于土壤质地、母质、发育历史、肥力、季节、作物种植状况、土壤深度和层次等等不同而有很大差异。1克肥沃的菜园土中常可含有 10^8 个甚至更多的微生物，

而在贫瘠土壤如生荒土中仅有 $10^3 \sim 10^7$ 个微生物，甚至更低。土壤
微生物中细菌最多，作用强度和影响最大，放线菌和真菌类次之，藻
类和原生动物等数量较少，影响也小。

一、土壤细菌

（一）土壤细菌的一般特点

土壤细菌在土壤微生物中数量最多、分布最广，是一类无完整
细胞核的单细胞生物。它占土壤微生物总数的 70% ～ 90%，占土壤
有机质的 1% 左右，每克土中含有 100 万个以上细菌。细菌菌体通常
很小，直径为 0.2 μm ～ 0.5 μm，长度约几微米，因而土壤细菌生物
量并不是特别高。但是由于它们数量大，个体小，因而与土壤接触的
表面积特别大，是土壤中最大的生命活动面，也是土壤中最活跃的生
物因素，推动着土壤中的各种物质循环过程。土壤中的细菌大多为
异养型细菌，少数为自养型细菌。自养细菌能直接利用光能或无机
物氧化时所释放的能量，并能同化二氧化碳，进行营养，如硝化细
菌、硫黄细菌。异养细菌从有机物中获取能源和碳源。如固氮菌细
菌的基本形态有三种，分别是球状、杆状和螺旋状，相应的细菌种类
有球菌、杆菌和螺旋菌。

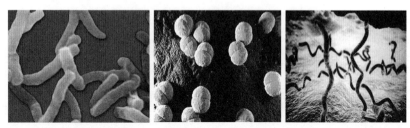

图 4-1 杆菌（左）；球菌（中）；螺旋菌（右）

（二）土壤细菌的主要生理类群

土壤中存在中各种细菌生理类群，其中主要的有纤维分解细菌，固氮细菌、氨化细菌、硝化细菌和反硝化细菌等。它们在土壤元素循环中起着主要作用。

1. 纤维分解细菌

纤维素是由葡萄糖组成的大分子多糖。它不溶于水及一般有机溶剂，是植物细胞壁的主要成分。纤维素是自然界中分布最广、含量最多的一种多糖，占植物界碳含量的 50% 以上。棉花的纤维素含量接近 100%。一般木材中，纤维素占 40% ～ 50%，还有 10% ～ 30% 的半纤维素和 20% ～ 30% 的木质素。纤维素是地球上含量最丰富的多糖类物质。地上植物每年产生的纤维素超过 70 亿吨。

人类以淀粉为主要能量来源，但完全不能消化纤维素，而反刍动物和大量的微生物则主要以纤维素为能量来源。这是因为，在反刍动物的瘤胃中生活着大量的可以分解纤维素的微生物。由于生物与环境的相互依存关系，在富含纤维素的环境中，纤维素分解菌的含量相对丰富，在含有大量植物根系及残体的土壤中含有大量的纤维分解细菌。

纤维素分解性细菌是指能分解纤维素的细菌。由于纤维素酶等的作用，纤维素可一直被分解到葡萄糖为止，有时在分解过程中会积累纤维二糖。这类细菌多见于腐殖土中。

土壤中能分解纤维的细菌主要是好气纤维分解细菌和嫌气纤维分解细菌。

好气纤维分解细菌主要有生孢噬纤维菌属、噬纤维菌属、多囊菌属和镰状纤维菌属等。这类纤维分解菌活动最适温度为22℃～30℃，通气不良和太高、太低温度对这类细菌的活性均有较大影响。

嫌气纤维分解细菌主要是好热性嫌气纤维分解芽孢细菌，包括热纤梭菌、溶解梭菌及高温溶解梭菌等。好热性纤维分解菌活动适宜温度达60℃～65℃，最高活动温度可达80℃。

土壤纤维分解细菌活动强度受土壤养分、水分、温度、酸度和通气等因素的影响。通常纤维分解细菌适宜中性至微碱性环境，所以在酸性土壤中纤维素分解菌活性明显减弱。纤维分解细菌的活动也受到分解物料 C/N 比率的影响，一般情况下，细菌细胞增长所需的 C/N 比率为 4/1～5/1，同时，在呼吸过程中还要消耗几倍的碳，因而，当分解物料 C/N 比率在 20/1～25/1 时，纤维分解细菌能很好地进行分解活动。由于一般植物性材料（如蒿杆、树叶、杂草等）C/N 比率常大于 25/1，因而，在利用这些材料做堆肥、基肥时，为了加速分解可适当补充一些氮素化肥或人粪尿等。

2．固氮细菌

在几十亿年前的太古时期，大气层中没有氧，地球上生存着大量的厌氧性生物。在地球上第一次大灾害产生后，地球表面出现了很多氧。大量厌氧性生物由于氧的出现而消失了，但有少许厌氧性生物由于潜藏在无氧、不透气的淤泥、沼泽地和深层土壤中而存活至今。但也有一部分厌氧性生物如固氮菌，它适应了环境，能够在含氧21%的大气层中存活，并从空气中吸收氮气。我们将这种能进行生物固氮的各种原核生物通称为固氮菌，它们每年可从大气中固定氮素达一亿吨。其中固氮细菌在固氮微生物中占有优势地位，大约有三分之二的分子态氮是由固氮细菌固定的。固氮细菌有可提高土壤肥力、将一氧化碳变燃料等作用。土壤中的固氮细菌包括自生固氮菌、共生固氮菌、联合固氮细菌三种。

（1）自生固氮细菌

自生固氮细菌指各种自由生活时能将分子态氮还原成氨，能独立固定大气氮的原核生物，并营养自给的细菌类群。目前已发现和确证具有自生固氮作用的细菌近70属，包括多种生理类型的种类，如化能异养、好氧性的固氮菌属；化能异养、兼性厌氧的克雷伯氏菌属；化能异养、专性厌氧的巴氏梭菌；光能自养、好氧性的念珠蓝细菌属；光能异养、兼性厌氧的红螺菌属；光能自养、专性厌氧的着色菌属等。

自生固氮细菌属中温性细菌，最适活动温度为28℃～30℃，适宜中性反应土壤，但好气性固氮细菌与嫌气性固氮细菌对土壤反应的适应性不同。前者当土壤pH值降至6时，固氮活性就会明显降低，而后者在 pH 值为 5 ～ 8.5 的范围均有较高活性，所以在酸性的森林土壤中，好气性固氮细菌不占主要地位。嫌气性固氮细菌广泛分布在森林土壤中，甚至在酸性沼泽化泥炭中也可以生长，它们的固氮能力虽不如好气性固氮细菌，但它们适应性强，在森林土壤中数量可超过好气性固氮细菌十倍甚至百倍，所以嫌气性固氮细菌对森林土壤固氮起着重要的作用。

（2）共生固氮细菌

共生固氮作用是指两种生物相互依存生活在一起时，由固氮微生物进行固氮的作用。在五花八门的固氮菌中，名声最大的要数根瘤菌了（图 4-1）。根瘤菌平常生活在土壤中，以动植物残体为养料，自由自在地过着"腐生生活"。当土壤中有相应的豆科植物生长时，根瘤菌便迅速向它的根部靠拢，并从根毛曲折处进入根部。豆科植物的根部细胞在根瘤菌的刺激下加速分裂、膨大，构成了大大小小的"瘤子"，为根瘤菌提供了理想的活动场所，同时还供应丰富的养料，让根瘤菌生长繁殖。根瘤菌又会卖力地从空气中吸收氮气，为豆科植物制作"氮餐"，使它们枝繁叶茂，欣欣向荣。这样，根瘤菌与豆科植物结成了共生关系，因此人们也把根瘤菌叫共生固氮菌。根瘤菌生产的氮肥不但可以满足豆科植物的需要，而且还能分出一些来帮助"亲朋好友"，贮存一部分留给"后代"，所以中国历来有种豆肥田的习惯。根瘤菌在土壤中可独立生活，但只有在豆科植物根瘤中才能进行旺盛的固氮作用。根瘤菌主要有根瘤菌属和慢生根瘤菌属。

根瘤菌在人工培养条件下，细胞呈杆状，革兰氏染色阴性。根瘤菌与豆科植物形成根瘤可分为两个阶段。

①侵染土壤阶段。在这个阶段中，根瘤菌菌体生活在土壤中，呈小球菌或小短杆菌，以后逐渐变成具有鞭毛能运动的小杆菌，这时还没有固氮能力，由于受豆科植物根系分泌物的诱导，它们在根际大量繁殖。

②根瘤菌形成阶段。侵入根毛细胞中的根瘤菌，在细胞中大量繁殖，根瘤菌在这个时期不能固氮。当菌体侵入达到皮层深处时，皮层细胞受到菌体分泌物的刺激，强烈增生并产生分生组织，其一部分形成根瘤的皮层，另一部分分化为维管束，与根部维管束相联通，这就是根瘤与宿主共生关系的通道，这样就在植物根部形成了根瘤。在根瘤增长最强烈的时期，也是根瘤菌固氮最旺盛的时期，这时才形成真正的共生关系。

根瘤菌的固氮生物化学过程，不是在菌体细胞中进行的，而是根瘤组织受到根瘤菌分泌物的影响，产生某种固氮酶系统，在根瘤组织中进行固氮作用。

根瘤菌与豆科植物的共生关系是有专化性的，由某种豆科植物的根系中分离出来的根瘤菌，只能在同一个"互接种族"的植物根部形成根瘤菌。因为它们在土壤中的发育条件，往往与宿主植物要求的条件相同。

现在人类生产氮肥使用的化学方法，不但需要高温、高压等非常刻薄的条件，而且还浪费大量原料，氮分子的有效利用率很低。固氮菌每年从空气中固定约 1.5 亿吨氮肥，是全球生产氮肥总量的几倍。所以，科学家正在认真研究固氮酶的构成。中国科学家在 20 世纪 70 年代仿造出与固氮酶功能类似、能够固氮的分子。相信在不远的将

图 4-1　根瘤菌

来，人类一定能学会并利用固氮菌"巧施氮肥"的本领。

（3）联合固氮菌

指必须生活在植物根际、叶面或动物肠道等处才能固氮的原核生物。包括在热带植物根际固氮的固氮螺菌属以及在叶面固氮的拜叶林克氏菌属等。所有的固氮菌都有固氮酶，在有氧障保护的严格厌氧微环境中进行固氮。生物固氮对全球生物圈的存在、繁荣与发展极端重要，对人类的生存和农业增产也有极其重要的作用。

3．氨化细菌

微生物分解含氮有机化合物释放氨的过程称氨化过程。氨化过程一般可分为两步。第一步是含氮有机化合物（蛋白质、核酸等）降解为多肽、氨基酸、氨基糖等简单含氮化合物；第二步则是降解产生的简单含氮化合物在脱氨基过程中转变为氨气。

参与氨化作用的微生物种类较多，其中以细菌为主。据测定在条件适宜时土壤中氨化细菌每克土可达 $10^5 \sim 10^7$ 个。主要是好气性细菌，如蕈状芽孢杆菌、枯草杆菌和嫌气性细菌的某些种群，如腐败芽孢杆菌。此外还有一些兼性细菌，如变形杆菌等。

氨化细菌所需最适土壤含水量为田间持水量的 50% $\sim$ 75%，最适温度为 25℃ $\sim$ 35℃。氨化细菌适宜在中性环境中生长，酸性大的土壤添加石灰可增加氨化细菌的活性。土壤通气状况决定了氨化细菌的优势种群，但通气状况好坏不影响氨化作用的进行。

含氮有机化合物的 C/N 比对氨化细菌活动强度和氨化过程有较大影响，一般 C/N 比小的有机物氨化进行快，C/N 比大的有机物氨化进行缓慢。氨化细菌细胞的 C/N 比为 4 $\sim$ 5：1，合成这样的体质细胞，还要利用 16 $\sim$ 20 份碳作为能量，因而氨化细菌生长繁殖中要求提供的 C/N 比为 20 $\sim$ 25：1。当氨化细菌分解 C/N 比大的有机物料时，由于有机碳过剩，氮素不足，会导致微生物从土壤无机氮中吸取氮合成其自身体质。此时，如添加适量无机氮，会加速氨化作用的进行。氨化细菌分解 C/N 比小的有机物料时，有机碳不足，而氮素却供给有余，此时氮的矿化作用大于固持作用，导致土壤无机氮的积累和增加。

4. 硝化细菌

微生物氧化氨为硝酸并从中获得能量的过程称硝化过程。土壤中硝化过程分两个阶段完成，第一阶段是由亚硝酸细菌将 NH_3 氧化为亚硝酸的亚硝化过程；第二阶段是由硝酸细菌把亚硝酸氧化为硝酸的过程。

反应式如下：

$$2NH_3 + 3O_2 \rightarrow 2HNO_2 + 2H_2O + 158kcal$$

$$HNO_2 + 1/2\ O_2 = HNO_3 - \triangle G = 18kcal$$

硝化细菌属于自养型细菌，原核生物，包括两种完全不同的代谢群：亚硝酸菌属及硝酸菌属，它们包括形态互异的杆菌、球菌和螺旋菌。亚硝酸菌包括亚硝化单胞菌属、亚硝化球菌属、亚硝化螺旋菌属和亚硝化叶菌属中的细菌。硝酸菌包括硝化杆菌属、硝化球菌属和硝化囊菌属中的细菌。两类菌均为专性好氧菌，在氧化过程中均以氧作为最终电子受体。从形态上看，有球形、杆状、螺旋形等，但均为无芽孢的革兰阴性菌；有些有鞭毛能运动，如亚硝化叶菌，借周身鞭毛运动；有些无鞭毛不能运动，如硝化刺菌。一般分布于土壤、淡水、海水中，有些菌仅发现于海水中，例如硝化球菌、硝化刺菌。

硝化细菌适宜在 pH 值为 6.6 ～ 8.8 或更高的范围内生活，当 pH 值低于 6.0 时，硝化作用明显下降。由于硝化细菌是好气性细菌，因而适宜通气良好的土壤，当土壤中含氧量相对为大气中氧浓度的 40% ～ 50% 时，硝化作用往往最旺盛。硝化细菌最适温度为 30℃，低于 5℃和高于 40℃，硝化作用甚弱。许多森林土壤 pH 值常低于 5.0，所以在森林土壤中硝酸盐含量通常很低，而积累的铵盐较高。

这两类菌能分别从以上氧化过程中获得生长所需要的能量，但其能量利用率不高，故生长较缓慢，其平均代时（即细菌繁殖一代所需要的时间）在 10 小时以上。硝化细菌在自然界氮素循环中具有重要作用。这两类菌通常生活在一起，避免了亚硝酸盐在土壤中的积累，有利于机体正常生长。以前，人们认为土壤中的氨或铵盐必须在以上两类细菌的共同作用下才能转变为硝酸盐，从而增加植物可利用的氮素营养。然而，2015 年 12 月份人类已经成功分离出了可以直接将氨氮转化为硝氮的细菌，称为短程硝化细菌，结束了发现硝化细菌后一百年来对氮素转化的教条式认知。众所周知，亚硝酸对于人体来说是有害的，这是因为亚硝酸与一些金属离子结合以后可以形成亚硝酸盐，而亚硝酸盐又可以和胺类物质结合，形成具有强烈致癌作用的亚硝胺。而土壤中的亚硝酸如果转变成硝酸后，则很容易形成硝酸盐，成为可以被植物吸收利用的营养物质。在硝化细菌的作用下，土壤中往往出现较多的酸性物质。这些酸性物质可以提高多种磷肥在土壤中的速效性和持久性，可以防治马铃薯疮痂病等植物病害，甚至可以使碱性土壤得到一定程度的改良。所以说，硝化细菌与人类的关系十分密切。农业上可通过深耕、松土提高细菌活力，从而增加土壤肥力。但硝酸盐也极易通过土壤渗漏进入地下水，成为一种潜在的污染源，造成对人类健康的威胁。因此农业上既可采用深耕、松土的方法提高细菌活力，亦可通过用施入氮肥增效剂（即硝化抑制剂），以降低土壤硝化细菌的活动，减低土壤氮肥的损失和对环境的污染。

5. 反硝化细菌

反硝化细菌是一种能引起反硝化作用的细菌，多为异养、兼性厌氧细菌，如反硝化杆菌、斯氏杆菌、萤气极毛杆菌等。

反硝化细菌广泛分布于土壤、厩肥和污水中，可以将硝态氮转化为氮气而不是氨态氮，与硝化细菌作用不完全相反。反硝化细菌最适宜的 pH 值是 6 ～ 8，在 pH 值为 3.5 ～ 11.2 范围内都能进行反硝化作用。反硝化细菌最适温度为 25℃，但在 2℃～ 65℃ 范围内反硝化作用均能进行。主要作用：①还原水体中的亚硝酸盐，使之生成无害的氮气，解除亚硝酸盐的危害。②消耗氮素营养，抑制藻类过度繁殖，净化水体。③抑制致病菌。④改良底质。主要应用于污水处理，如景观水治理；城市内河治理；水产养殖处理等，其中水产养殖污水处理应用最为广泛。适用于：①各种海、淡水养殖水体亚硝态氮含量超标。②藻类过度繁殖，水体透明度太低，水色太浓。③底质恶化，长泥皮、青苔。④老化塘等的治理。

二、土壤真菌

土壤真菌是指生活在土壤中，菌体多呈分枝丝状菌丝体，少数菌丝不发达或缺乏菌丝的具有真正细胞核的一类微生物。土壤真菌数量约为每克土含 2 万～ 10 万个繁殖体，虽然数量比土壤细菌少，但由于真菌菌丝体长，真菌菌体远比细菌大。据测定，每克表土中真菌菌丝体长度约 10 m ～ 100 m，每公顷表土中真菌菌体重量可达 500 kg ～ 5000 kg。因而在土壤中细菌与真菌的菌体重量比较近 1∶1，可见土壤真菌是构成土壤微生物生物量的重要组成部分。

土壤真菌是常见的土壤微生物，它适宜酸性，在 pH 值低于 4 的条件下，细菌和放线菌已难以生长，而真菌却能很好发育。所以在许多酸性森林土壤中真菌起了重要作用。我国土壤真菌种类繁多、资源丰富，分布最广的是青毒属、曲霉属、木霉属、镰刀菌属、毛霉属、

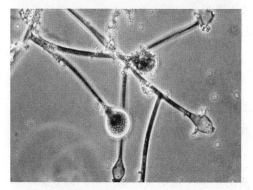

图4－2　青霉属（上）、根霉属（中）、曲霉属真菌（下）

和根霉属（图 4-2）。

　　土壤真菌属好气性微生物，通气良好的土壤中多，通气不良或渍水的土壤中少；土壤剖面表层多，下层少。多数土壤真菌分布广，但是某些属种有其最适宜的生长环境。青霉属、毛霉属的分布北方多于南方，而镰刀菌属、根霉属、异水霉属、笄霉属、曲霉属的分布则南方多于北方。土壤真菌的种类和数量以表土层和亚表土层为最多，随着土层的加深而逐渐减少，但青霉属、曲霉属、毛霉属、被孢霉属、木霉属的某些种是常见的深土层分布菌。

　　土壤真菌为化能有机营养型，以氧化含碳有机物质获取能量，是土壤中糖类、纤维类、果胶和木质素等含碳物质分解的积极参与者。有许多土壤真菌是重要的植物病原菌，另外，还有与植物共生的菌根菌，它们对植树造林起着重要作用。土壤真菌也参与动、植物残体的分解，成为土壤中氮、碳循环不可缺少的动力，特别是在植物有机体分解的早期阶段，真菌比细菌和放线菌更为活跃。

三、土壤放线菌

　　土壤放线菌是指生活于土壤中呈丝状单细胞、革兰氏阳性的原核微生物。土壤放线菌数量仅次于土壤细菌，通常是细菌数量的 1%～10%，每克土中有 10 万个以上放线菌，占了土壤微生物总数的 5%～30%，其生物量与细菌接近。常见的土壤放线菌主要有链霉菌属、诺卡氏菌属、小单孢菌属、游动放线菌属和弗兰克氏菌属等。其中链霉菌属占了 70%～90%。

　　土壤中的放线菌和细菌、真菌一样，参与有机物质的转化。多数放线菌能够分解木质素、纤维素、单宁和蛋白质等复杂有机物。放线菌在分解有机物质过程中，除了形成简单化合物以外，还产生一些特殊有机物，如生长刺激物质、维生素、抗生素及挥发性物质等。放线菌是一类极其重要的微生物资源。放线菌与人类的生产和生活关系极为密切，广泛应用的抗生素约 70% 是各种放线菌所产生。一些种类的放线菌还能产生各种酶制剂（蛋白酶、淀粉酶、和纤维素酶等）维生素（B12）和有机酸等。弗兰克菌属为非豆科木本植物根瘤中有固氮能力的内共生菌。此外，放线菌还可用于甾体转化、烃类发酵、石油脱蜡和污水处理等方面。少数放线菌也会对人类构成危害，引起人和动植物病害。因此，放线菌与人类关系密切，在医药工业上有重要意义。

自 20 世纪 40 年代从放线菌中发现了链霉素以来，放线菌生物学的研究开发就蓬勃展开。迄今发现的抗生素上万种，其中有半数以上都是放线菌产生的。其次，酶也是放线菌开发筛选的重要对象，由游动放线菌和链霉菌生产的葡萄糖异构酶已经被广泛应用。酶抑制剂也是放线菌开发的一个重要领域，目前已经开发出了多种酶抑制剂。放线菌还是除草剂、抗寄生虫剂及其他药物的重要来源。

四、土壤藻类

土壤藻类是指土壤中的一类单细胞或多细胞、含有各种色素的低等植物。土壤藻类构造简单，个体微小，并无根、茎、叶的分化。大多数土壤藻类为无机营养型，可由自身含有的叶绿素利用光能合成有机物质，所以这些土壤藻类常分布在表土层中。也有一些藻类可分布在较深的土层中，这些藻类常是有机营养型，它们利用土壤中有机物质为碳营养，进行生长繁殖，但仍保持叶绿素器官的功能。

土壤藻类可分为蓝藻、绿藻和硅藻三类。蓝藻亦称蓝细菌，个体直径为 0.5 nm ～ 60 nm，其形态为球状或丝状，细胞内含有叶绿素 A、藻蓝素和藻红素。绿藻除了含有叶绿素外还含有叶黄素和胡萝卜素。硅藻为单细胞或群体的藻类，它除了有叶绿素 A、叶绿素 B 外，还含有 β 胡萝卜素和多种叶黄素。

土壤藻类可以和真菌结合成共生体，在风化的母岩或瘠薄的土壤上生长，积累有机质，同时加速土壤形成。有些藻类可直接溶解岩石，释放出矿质元素，例如（图 4-3）可分解正长石、高岭石，补充土壤钾素。许多藻类在其代谢过程中可分泌出大量黏液，从而改良了土壤结构性。藻类形成的有机质比较容易分解，对养分循环和微生物繁衍具有重要作用。在一些沼泽化林地中，藻类进行光合作用时，吸收水中的二氧化碳，放出氧气，从而改善了土壤的通气状况。

五、地衣

地衣是真菌和藻类形成的不可分离的共生体，真菌是主要成员，其形态及后代的繁殖均依靠真菌（图 4-4）。1867 年，德国植物学家施文德纳做出了地衣是由两种截然不同的生物共生的结论。在这以前，地衣一直被误认为是一类特殊而单一的绿色植物。全世界已描述的地衣有 500 多属，26000 多种。从两极至赤道，由高山到平原，从森林到荒漠，到处都有地衣生长。地衣通常是裸露岩石和土壤母质的最早定居者。生长在岩石表面的地衣，所分泌的多种地衣酸可腐蚀岩

图 4-3 硅藻

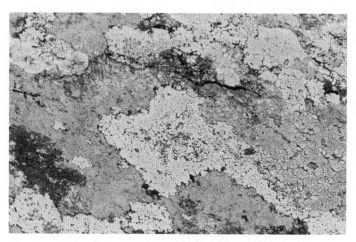

图 4-4 地衣

面，使岩石表面逐渐龟裂和破碎，加之自然的风化作用，逐渐在岩石表面形成了土壤层，为其他高等植物的生长创造了条件。因此，地衣常被称为"植物拓荒者"或"先锋植物"，在土壤形成中有一定作用。

地衣对大气污染十分敏感，可作为大气污染的指示植物。根据各类地衣对二氧化硫的敏感性，有人提出无任何地衣存在的区域为二氧化硫严重污染区，只有壳状地衣生长的区域为二氧化硫轻度污染区，有枝状地衣正常生长的区域为无二氧化硫污染的清洁区。

地衣具有广泛的用途。地衣所分泌的地衣酸多达百余种，其中不少具有较强的抗菌能力。在《本草纲目》中已有记载的松萝、石蕊等种类，可用于提取抗生素。因此，地衣在土壤发生的早期起重要作用。

构成地衣的真菌，绝大多数属于子囊菌亚门的盘菌纲和核菌纲，少数为担子菌亚门的伞菌目和非褶菌的某几属。还有极少数属于半知菌亚门。

地衣中的菌丝缠绕藻细胞，并从外面包围藻类。藻类光合作用制造的有机物，大部分被菌类所夺去，藻类和外界环境隔离，不能从外界吸取水、无机盐和二氧化碳，只好依靠菌类供给，这是一种特殊的共生关系。地衣的形态几乎完全由菌类决定。

大部分地衣是喜光性植物，要求新鲜空气，因此，在人口稠密的工业城市附近，见不到地衣。地衣一般生长慢，但可以忍受长期干旱，干旱时休眠，雨后恢复生长，因此，可以生长在峭壁、岩石、树皮或沙漠地上。地衣耐寒，因此高山带、冻土带和两极也有地衣的存在。

第三节　土壤微生物间的相互关系

土壤中微生物的种类很多，有细菌、真菌、放线菌、藻类和原生动物等，数量也很大。土壤越肥沃，微生物越多。数量庞大的微生物共同生活在土壤环境中，相互之间难免会产生直接或间接的交互关系，称之为共生关系。

土壤微生物为了生存，必须通过各种手段从土壤中获取可利用的营养以维持自身正常的生理代谢及生殖繁衍。有些微生物通过寄附于另一种生物身体内部或表面，利用被寄附的生物的养分生存或进行繁衍，这种共生关系称之为寄生，营寄生生活的生物称为寄生生物，被侵害的生物称为寄主或宿主。寄生生活对寄生生物来说是有利的，而对被寄生生物来说则有害（＋－）。如果两者分开，寄生生物难以单独生存，而寄主可健康成长。这是一种典型的不劳而获的生存手段。

有些微生物仅仅依靠自身的能力无法获得足以维持生命的营养资源，它们会像人类一样形成小团体，互帮互助，共同获取可供双方利用的生存资源。互利共生（＋＋）是指两种生物生活在一起，彼此有利，两者分开以后双方的生活都要受到很大影响，甚至不能生活而死亡。例如，地衣就是真菌和苔藓植物互利共生形成的特殊结构体，真菌的菌丝为苔藓植物提供无机物及水分，苔藓植物为光合生物，负责光合产生能源物质（主要各种碳水化合物）供双方使用。如果把地衣中的真菌和苔藓植物分开，两者都不能独立生活，地衣结构体也就不存在了。共生生物之间呈现出同步变化，即"同生共死，荣辱与共"。

　　土壤中的根瘤菌与豆科植物也是一个互利共生的典型例子。氮气在空气的组成中占 4/5，数量很大，但植物不能直接利用。根瘤菌是有鞭毛的杆菌，能利用空气中的氮素作食物，在它们死亡和分解后，这些氮素就能被作物吸收利用，但根瘤菌不能合成自身新陈代谢所需的能量。所以豆科植物供给根瘤菌碳水化合物，根瘤菌供给植物氮素养料，从而形成互利共生关系。

　　有些微生物由于生活习性较为相似，对同种食物及空间资源的需求就会有重合。但土壤环境中的生存资源并不是源源不断、无限丰裕的，因此必然会产生对同一生存资源争夺而形成的竞争关系，两种生物呈现出"你死我活"的变化。最后导致的结果是双方都受损（－－）。土壤中微生物与植物根系就存在对土壤养分的竞争。

　　此外，土壤微生物之间还存在偏利共生与偏害共生的共生关系。偏利共生是指对其中一方生物体有益，却对另一方没有影响（＋0）。偏害共生则是对其中一方生物体有害，对其他共生的成员没有影响（－0），又称颉颃，既一种微生物在其生命活动过程中，产生某种代谢产物或改变环境条件，从而抑制其他微生物的生长繁殖，甚至杀死其他微生物的现象。根据颉颃作用的选择性，可将微生物间的颉颃关系分为非特异性颉颃关系和特异性颉颃关系两类。在制造泡菜、青贮饲料过程中，乳酸杆菌能产生大量乳酸导致环境的 pH 值下降，从而抑制了其他微生物的生长发育，这是一种非特异性颉颃关系，因为这

种抑制作用没有特定专一性，对不耐酸的细菌均有抑制作用。许多微
生物在生命活动过程中，能产生某种抗生素，具有选择性地抑制或杀
死别种微生物的作用，这是一种特异性颉颃关系。如青霉菌产生的青
霉素抑制革兰氏阳性菌，链霉菌产生的制霉菌素抑制酵母菌和霉菌等。

　　总而言之，微生物是土壤环境中最为活跃的有机组成部分，就
像社会环境中的人类一样，在适应无机环境的同时也在不断地改造无
机环境。由于物种自身功能结构的特点及对生存资源的特殊需求，同
一资源有限的环境中生活的同种或不同种微生物必然会形成多种多样
的共生关系。土壤微生物之间相互作用，一起推动土壤物质的转化。

第四节　土壤微生物的主要功能

一、土壤微生物对植物所需各大、中、微量元素的转化作用

　　作物生长所必需的元素按其需求量分为大、中、微量三类，共
16 种。这些元素在土壤中以不同形式存在，有些元素的形式不经转
化是不能被植物吸收利用的。而元素的转化必须在微生物的作用下才
能进行。因此微生物的生命活动在矿质营养元素的转化中起着十分重
要的作用。下面就微生物对这 16 种元素中的氮、磷、钾、硫、铁、
锰 这 6 种元素的转化作用进行简单介绍。

（一）微生物在氮转化中的作用

　　氮循环由 6 种转化氮化合物的反应组成，包括固氮、同化、氨化

（脱氨）、硝化作用、反硝化作用及硝酸盐还原。氮是生物有机体的主要组成元素，氮循环是重要的生物地球化学循环。

1.固氮：固氮是大气中氮被转化成氨（铵）的生化过程。固氮微生物都具有固氮基因和由其编码合成的固氮酶，生物固氮是只有微生物或有微生物参与才能完成的生化过程。

2.氨化作用：氨化作用是有机氮化物转化成氨的过程。它是通过微生物的胞外和胞内酶系以及土壤动物释放的酶催化的。首先是胞外酶降解含氮有机多聚体，然后形成的单聚体被微生物吸收到细胞内代谢，产生的氨释放到土壤中。氨化作用放出的氨可被微生物固定利用和进一步转化。

3.硝化作用：硝化作用是有氧条件下氨被氧化成硝酸盐的过程。硝化作用是由两群化能自养细菌进行的，先是亚硝酸单胞菌将氨氧化为亚硝酸，然后硝酸杆菌再将亚硝酸氧化为硝酸。氨和亚硝酸是它们的能源。

4.硝酸盐还原和反硝化作用：土壤中的硝酸盐可以经由不同途径而被还原，包括同化还原和异化还原两方面，还原产物可以是亚硝酸、氧化氮、氧化亚氮等。

同化还原是指微生物将吸收的硝酸盐逐步还原成氨用于细胞物质还原的过程。植物、真菌和细菌都能够进行 NO_3^- 的同化还原，在同化硝酸酶系催化下先形成 NO_2^-，继而还原成 NH_2OH，最后成为 NH_3，由细胞同化为有机态氮。

硝酸盐的异化还原比较复杂，有不同途径。因微生物和条件不同，可以只还原为 NO 和 N_2O，也可以还原为分子氮。只有细菌具备

NO_3^- 的异化还原作用。

反硝化作用即反硝化细菌在缺氧条件下，还原硝酸盐，释放出分子态氮或一氧化二氮的过程，即脱氮作用。能够进行反硝化作用的只有少数细菌。

（二）微生物在磷循环中的作用

大气中没有磷素的气态化合物，因此磷是一种典型的沉积循环，主要在土壤、植物和微生物之间进行。土壤微生物既参加了无机磷化合物的溶解作用和有机磷化物的矿化作用，也参加了可溶性磷的固持作用。在作物生长的季节里，虽然土壤微生物的生物量比植物的生物量少很多，但微生物的含磷量却比植物高 10 倍以上；而且在一季的时间内，微生物能繁殖很多代，结果是被微生物吸收的磷往往超过了高等植物吸收的量。但微生物固持磷的时间不长，微生物细胞死亡后不久磷又会释放出来。这对植物是有利的。短期的生物固持作用可使土壤磷免遭土壤矿物的长期固定。

在自然界中，磷的循环包括可溶性无机磷的同化、有机磷的矿化、不溶性磷的溶解等。

微生物分解含磷化合物的作用，基本上分为有机磷化合物的分解和无机磷化合物的分解两个方面。前者主要是微生物产生的各种酶参与的结果。有机磷化合物在土壤这个复合体中变化十分复杂，往往形成一些极难分解的产物。这些复杂的物质只有在微生物的相应酶的作用下才能分解。微生物促进磷有效化的另一重要方面，是对土壤中无机磷的溶解作用。微生物产生的酸，一类是无机酸，如碳酸、NO_3^-、SO_4^{2-}。另一类是有机酸，微生物产生的有机酸大多种类都具有溶磷作用。可以认为微生物在代谢过程中通过呼吸作用分解糖类等碳源，可以产生多种有机酸。这些有机酸在土壤中对无机磷化合物的溶解起着重要作用。

（三）微生物在钾循环中的作用

土壤里主要含钾矿物有长石和云母等硅酸盐。其中的钾约占土壤总钾量的 98%，该类钾难溶于水，只能在风化后才释放出一些有效钾。

有一些微生物能分解长石和云母等硅酸盐类矿物产生有效钾，该类微生物称为钾细菌或硅酸盐细菌。该类微生物分解钾的途径可能有两个：①钾细菌接触矿石后产生特殊的酶，破坏矿石结晶结构，释放出其中的养分；②钾细菌在矿石表面接触后进行交换作用，释放出其中的养分。

（四）微生物在硫循环中的作用

硫是生物体合成蛋白质以及某些维生素和辅酶等的必需元素。硫素不足，影响氮的同化，从而影响蛋白质的含量和作物产量。硫循环兼有气态循环和沉积循环的特点，循环中的许多步骤都有专一性微生物参与。进入土壤的动植物残体中含硫的有机物主要是蛋白质，其次是一些含硫的挥发性物质。土壤中能分解含硫有机物质的微生物种类很多，一般能引起含氮有机化合物的氨化微生物，都能分解含硫有机物产生硫化氢。含硫有机物在分解不彻底时，形成硫醇暂时积累，但在进一步氧化中，仍以硫化氢为最后产物。微生物分解的含硫有机化合物产生硫化氢，虽不能直接有利于植物的营养，而且在土壤中积累较多时，还对植物的根部有毒害作用，但含硫有机化合物的氢化是硫素物质循环中的一个环节，在生成硫化氢后，在微生物的作用下进行进一步氧化，形成硫酸，则可为植物提供硫素养料。

（五）微生物在铁转化中的作用

铁素主要存在于矿物中。土壤中的铁主要是难溶的高价铁（Fe^{3+}），它必须还原为低价铁（Fe^{2+}）植物才能吸收。铁素的循环作用包括氧化还原反应、溶解作用和沉积作用。

许多微生物可以用 Fe^{3+} 做电子受体。当有 H_2S 存在时，高价铁可经化学还原为 FeS。所以，在自然界中铁和硫的循环之间关系密切。

一些真菌和许多化能无机营养与有机营养细菌均能用 Fe^{3+} 做电子受体进行能量代谢。

许多微生物产生一类称为铁载体的特异铁结合物，能螯合铁并输入细胞内部，当它进入细胞后，铁被释放出来，铁载体可再进行铁的运转，这是植物吸收铁素的一种机制。能够产生铁载体的细菌在土壤中具有竞争铁素的优势。一些假单胞菌产生黄绿色荧光铁载体，称为假菌素，可以同铁紧密结合，阻止其他生物的利用。于是使植物的某些病原菌处于缺铁状态，这对植物是有利的。

（六）微生物在锰转化中的作用

锰在土壤中以二价和四价状态存在，还原态的二价锰为可溶性，能被植物吸收利用；氧化态的四价锰不溶解。土壤中锰的转化决定于微生物、土壤酸度、氧和有机质含量。许多微生物能氧化锰，在缺氧及酸性条件下常有利于锰的还原；在碱性条件下有利于锰的氧化。所以植物缺锰常与土壤反应有关。

二、微生物对植物生长的影响

根圈环境对微生物的类群有一定选择作用。不同类群生物在根圈中的分布有一定的规律性。有些根圈微生物与植物形成共生关系。

典型的共生关系是由微生物和植物二者形成特定的形态和组织结构。植物和微生物的共生关系类型可分为细菌和植物的共生、真菌和植物的共生。研究最多的是细菌和植物形成固氮器官（根瘤和茎瘤），以及真菌和植物形成的菌根。

（一）细菌和植物的共生关系

细菌和植物共生固氮体系的类型很多，固氮器官外形各异，内部结构既有共同点，也有很大差别。这里以豆科植物根瘤为例进行介绍。

与豆科植物共生，形成根瘤并固定空气中的氮气供植物营养的一类杆状细菌即根瘤菌。这种共生体系具有很强的固氮能力。根瘤菌是侵入宿主细胞，通过作用于宿主细胞，经过一定的繁殖变化机制后形成根瘤。宿主细胞与根瘤菌共同合成豆血红蛋白，分布在膜套内外，作为氧的载体、调节膜套内外的氧量。类菌体执行固氮功能，将分子氮还原成氨气，分泌至根瘤细胞内，并合成酰胺类或酰尿类化合物，输出根瘤，由根的传导组织运输至宿主地上部分供其利用。与宿主的共生关系是宿主为根瘤菌提供良好的居住环境、碳源和能源以及其他必需营养，而根瘤菌则为宿主提供氮素营养。

（二）真菌和植物的共生关系

真菌和植物的共生关系比细菌与植物的共生关系更为普遍，自然界大部分植物都具有菌根，菌根对于改善植物营养、调节植物代谢、增强植物抗逆性都有一定作用。根据菌根的形态结构和菌根真菌共生时的其他性状，菌根可分为外生菌根和内生菌根两类。

1. 外生菌根对植物的有益作用主要有以下三个方面。

（1）对植物营养和生长的作用①扩大宿主植物的吸收面，因外生菌根都有菌套，其直径比未形成菌根的营养根大得多，加上菌套上存在一些外延菌丝，使菌根同土壤接触面大大增加。②外生菌根真菌绝大部分都能产生某种生长刺激素（如吲哚乙酸），能促进植物生长。

（2）对防御林木根部病害的作用 ①外生菌根根圈的微生物群落起着防御病菌侵袭的作用。因为外生菌根根圈的微生物数量要比非菌根根圈的数量高得多。②外生菌根的菌套和哈蒂氏网的机械屏障作用。病原菌只能侵染没有木质化的幼嫩小根，如病原菌侵染已形成的外生菌根，则必须通过由菌丝紧密交织而成的菌套以及皮层组织内的哈蒂氏网，才能进入根的细胞组织。而试验证明，病原菌不能通过这两道屏障。③宿主细胞产生抑制病菌的物质。外生菌根真菌进入植物根部时，根部细胞会产生一些抑制物质，当植物遭受病原菌侵袭时，这些抑制物质就会起抑制病原菌的作用。④外生菌根真菌产生抗生素。试验证明，大部分外生菌根真菌都具有抗菌活性，这与它们产生抗生素是有密切关系的。

（3）提高植物抗逆性的作用许多研究表明，植物感染外生菌根后可以提高宿主植物的抗旱、抗盐碱、抗极端温度、湿度和 pH 值以及重金属毒害的能力。

2．内生菌根可以分为几种类型，丛枝菌根是其中最普遍和最重要的类型，也称泡囊－丛枝菌根（VA菌根）。

（1）丛枝菌根同植物代谢和生长的关系：植物为菌根真菌的生长发育提供碳源和能量，真菌促进植物的养料和水分吸收，产生植物生长素，对防疫土传性病害也有作用。因此丛枝菌根同植物的代谢和生长有着密切的关系。表现为：

①丛枝菌根对碳水化合物的需求，丛枝菌根真菌能吸收转运至根部的光合产物，特别是丛枝，因为与根细胞间有很大的接触面，更能发挥其吸收功能。

②丛枝菌根增加了根圈的范围

丛枝菌根虽不能像外生菌根那样形成菌套，但它的根外菌丝仍可形成松散的菌丝网。

③丛枝菌根在植物吸收养料中的作用

丛枝菌根能改善植物营养的主要原因在于扩大了根系吸收范围，也提高了从土壤溶液中吸收养料的效率，特别是对磷、锌、钼等扩散速度慢的营养元素的吸收利用作用更为有效。

a.对磷素营养的吸收　丛枝菌根最显著的作用是在低磷土壤中提高植物吸磷能力，这是由于能够利用较大土壤范围内的磷素，促进磷素向根内的运转，提高了土壤磷素的可溶性。

b.对其他营养元素的吸收　丛枝菌根真菌对其他营养元素也有明显的吸收和输送效果，其菌丝通过吸收 NH_4^+ 和 NO_3^- 而获得氮素营养，或菌根真菌加速有机氮的矿化，增加土壤有效氮的含量。

（2）丛枝菌根真菌与其他微生物的关系

①共生固氮微生物　菌根的形成有助于改善豆科植物的营养，特别是磷素营养，促进植物的生长。

②真菌的共生细菌　丛枝菌根真菌的细胞质中存在细菌状生物，这证明，这种内生菌具有固氮基因，因此它可能与真菌的氮素代谢有关。

③根圈微生物　丛枝菌根真菌能促进固氮菌，所谓"溶磷微生物"与"溶磷细菌"的生长和繁殖，它们在菌根根圈的数量多于一般的根圈。

（3）丛枝菌根真菌与植物抗病性

①丛枝菌根真菌可以减轻植物病害②丛枝菌根真菌可以通过提高植物叶片脯氨酸含量、叶绿素含量、细胞质膜透性和植物体内自由水含量及自由水／束缚水比例而提高植物的耐盐碱性。③丛枝菌根真菌可以提高植物抗旱性。

3．植物内生微生物

微生物和植物的密切关系除前述几类典型互惠共生体系外，还有许多真菌和细菌生活在植物组织中，或生活周期大部分是在植物体内，即内生菌，它们与植物构成共生关系，但不形成特殊结构。这类微生物很多，情况比较复杂，有的同植物互利共生，有的则可能是偏利共生，成为寄生微生物。

三、土壤微生物的药用价值

（一）土壤与抗生素不得不说的故事

物竞天择，适者生存。人们一般都把这句话中的适者自动代换成了强者，并毫不犹豫地认为弱肉强食就是生命世界中最基本的游戏规则。然而，当巴斯德揭开了微生物和众多疾病之间关系的神秘面纱之后，生命世界中的适者，在很大程度上已经与抵御疾病的能力相关联。显然，某些细菌和病毒擅长把其他活的或死的生命体当作它们的食物，在进化过程中各种生命体演变出对付它们攻击的防御手段。而细菌们自然也演变出克服防御的手段，甚至利用生命体的防御办法来反防御－例如艾滋病病毒。这种永无休止的、不断升级的军备竞赛，极大地促进了生命世界的多样性，甚至成为生物学家解释生命世界为何会出现性别演化的基本理由之一。

人类是个极其好斗的物种，有记录以来的战争不可胜数，然而据历史和医学专家估计，与死于微生物和寄生虫感染的人数相比，死于人类之间自相残杀的人数至少低一个数量级。而且，大型战争中死于瘟疫和非致命伤口感染的士兵人数，也比直接战死沙场的人数多得多。然而，第二次世界大战是个显著的例外，而将死亡比例扭转的是人类历史上第一种抗生素－青霉素。有人总结，第二次世界大战给人类带来的具有革命性影响的事物有：原子弹、青霉素和计算机等。事实上，在许多医学史专家看来，青霉素进入药典，才真正标志着现代医学的正式诞生，即便在此之前，我们已经拥有了狂犬病疫苗。毕竟抗生素的广泛应用标志着，医学第一次真的有能力，把人类从适者生存最大的一个沙场上解救出来。

关于弗莱明如何发现青霉素的半神话故事，可能每一个高中生都已经知道了。1928 年 9 月 3 号，度假归来的弗莱明刚进实验室，其前任助手普利斯来串门，寒暄中问弗莱明最近在做什么，于是弗莱明顺手拿起一个培养基，准备给他解释时，发现培养基边缘有一块因溶菌而显示出的惨白色。对这个发现的探索成果，于 1930 年 6 月发表，正是这篇论文使弗莱明获诺贝尔奖。

如果说青霉素传奇中充满了偶然、机遇和幸运这些词汇，那么瓦克斯曼就是一个让人扫兴的家伙，一个传奇的敌人。当青霉素在 20 世纪 40 年代峥嵘初露的时候，他于 1942 年，首先精确的定义了抗生素的概念，将之定义为来自于微生物在代谢中产生的，具有抑制他种微生物生长和活动甚至杀灭他种微生物的性能的化学物质。这样就将溶菌酶以及大肠杆菌素这样的物质排除在了抗生素的范围以外。为寻找和研究抗生素提供了一个清晰的讨论基础。然后，他和他的学生开始了对抗生素的暴力搜索，将目光锁定在土壤中的万千微生物之中，他坚信抗生素是微生物彼此大战中的化学武器，土壤中一定存在多种能够制造各种抗生素的霉菌，正是因为这些抗生素的存在，才极大的抑制了各种微生物的大量繁殖。功夫不负有心人，在筛查了近万种微生物后，1944 年，他发现了一种新抗生素－链霉素，它是由灰色链霉菌产生的。很有意思的是，链霉素是青霉素的非常理想的伙伴。青霉素可杀灭革兰氏阳性菌，而链霉素则作用于革兰阴性菌以及对青霉素无效的分枝杆菌。由于已经有了青霉素的生产经验和设备，链霉素很快即能大量生产，迅速成为抗生素家族中的重要成员。大名鼎鼎的肺结核正是由分枝杆菌引起，链霉素的发现直接导致结核病治疗的革命，让刚刚兴起的大型外科肺部分切除的肺结核专科治疗医院损失惨重无疾而终。瓦克斯曼的成功，让众多大制药公司开始了一场土壤淘金风暴，由此建立和完善了一整套抗生素制药工业。在短短的二十年之间，今日大家熟悉的各种抗生素陆续登场，金霉素（1947）、氯霉素（1948）、土霉素（1950）、制霉菌素（1950）、红霉素（1952）、卡那霉素（1958）等等。这些抗生素的问世，使各种细菌性疾病及立克次体病得以成功的治疗，使人类平均寿命显著延长。当全世界的土壤几乎被制药公司翻了一个遍之后，1958 年，谢汉开始了人工改造青霉素之路，得到 6- 氨基青霉烷酸，这个重要的中间体。通过给 6- 氨基青霉烷酸增加不同的侧链基团，可以获得各种不同的半合成青霉素。由此制药工业可以开发一个抗生素家系，而通过对抗生素进行人工改造可以增加药物效果、稳定性甚至还能扩大抗菌谱。半合成抗生素中最著名当数头孢家族，1961 年，亚伯拉罕从头孢霉菌代谢产物中发现了头孢菌素 C。加上不同侧链后，成功地合成许多高活力的半合成头孢菌素。由此产生了头孢 x 代这样的称呼。人类的健康史由此挺进了因公共卫生和抗生素带来的黄金时代，公共卫生和抗生素的结合，使传染病的死亡率下降极快，以致 1969 年美国卫生总监甚至认为现在是"可以把关于传染病的书收起来的时候了"。

（二）我就是药神

近年，一部国产高分电影《我不是药神》火遍大江南北，影片真实反映了世界欠发达国家人民"买药贵""治病难"的真实现状。众所周知，自从青霉素被首次发明以来，抗生素已成功挽救了无数生命，然而长期使用一种抗生素会使机体产生耐药性，这迫使人们不得去寻找更新型的可替代性抗生素。近日，美国加州大学伯克利分校的 Jillian Banfield 团队对加利福尼亚州北部一片草甸的土壤生态系统进行了调查，并将研究成果公开发表。从这篇文章可以看出，我们之前严重低估了土壤微生物的生物合成潜力，而这一座天然"黄金库"拥有新型抗生素和其他药物的重要资源。毫不夸张地说，土壤微生物可能就是未来的"药神"！

在土壤生态系统中，微生物能够合成与周围环境和生物具有通信、竞争、交互作用的次级代谢产物，这些次级代谢产物包括抗生素、抗真菌素和噬铁素等。目前，大部分已知的抗生素仅来自土壤中的少数可培养型微生物，但绝大多数微生物的生物合成潜能仍未被发掘。本文从草甸土壤的宏基因组中，构建了数百种近乎完整的微生物基因组；从样本微生物丰度最高的 4 个门类中，鉴定出了编码多种聚酮化合物、非核糖体环肽的生物合成基因簇；从鉴定出的两个不同谱系的梭杆菌门基因组中发现，每个基因组包含编码 15 个聚酮化合物、非核糖体环肽合成酶的基因簇。通过宏转录组学分析发现，这些基因簇对环境状况的响应存在差异。

运用大量的科学证据，该研究从 4 个土壤细菌门类基因组中发现了合成次级代谢产物的事实。尽管目前还不能准确地判断这些表达产物的化学结构式和生物活性，但从中获得的多种已知代谢产物（聚酮化合物、非核糖体环肽）都具有抗菌作用。特异性 NRPS 和 PKS 基因簇之间的转录关联效应、铁离子代谢调节作用和抗生素抗性机制，均能说明这些基因簇可能参与了铁离子源竞争和抗生素合成。

　　宏基因组学在土壤生态系统研究中的应用，为新型生物活性化合物基因组研究、新型药物的发掘开启了一道大门！开辟了一条新路！

第五章

神奇的土壤动物

第一节 概述

土壤是自然界中一个特殊的生物环境，是一个由固体、液体和气体三相镶嵌的境界。它没有天空那样开阔，看不见变幻的云与飞翔的鸟；它没有江河那样清澈，看不见跳跃的浪花与游动的鱼虾。当我们的双脚踩在泥土上，你或许会觉得脚下是一个漆黑的沉静世界。然而，你错了，这里虽然寂静，却忙忙碌碌；虽然黑暗，却充满生机。这里有成千上万种微小的动物，它们在这里出生、成长、恋爱、繁衍直到死亡。它们的故事一点儿也不曲折，但却励志而温暖。

与土壤微生物一样，土壤动物是土壤生态系统中不可缺少的重要组成部分。这些为数众多的各类小动物，亿万年来默无闻地分解着生物残体，悄悄地改变着土壤的理化性质，促进大自然生产与物质循环。如果土壤中缺少了它们，就会导致物质循环的中断，就会使那些靠土壤生长的林木花草以及各种蔬菜、庄稼枯萎死亡，进而会导致人们失去赖以生存的资源与环境，甚至最终导致人类的毁灭。因此，更深入地认识、了解土壤动物具有十分重要而深远的意义。

一、土壤动物的概念

土壤动物是指动物的一生或生命过程中有一段时间定居在土壤中，而且对土壤有一定影响的动物，涉及的类群甚为广泛。主要包括无脊椎动物和脊椎动物，但无论是种类、数量，还是对土壤的影响均以无脊椎动物占绝对优势，所以狭义上土壤动物指土壤无脊椎动物。

严格地讲，土壤动物属消费者，以植物和动物残体、土壤有机碎屑、根系以及其他土壤生物为食物来源进行次级生产。然而，许多土壤动物对植物残体有很强的破碎能力，活跃地参与分解过程，故土壤动物又称为次级分解者。

二、土壤动物的主要类群

土壤动物群体极为复杂、多样。土壤动物在种类、大小、形态、进化程度及功能等方面有很大差异。土壤动物类群的具体划分有很多方法。具体分类如下：

1. 按个体大小（体长或体宽）划分一般可分为四类

（1）小型土壤动物，体长在 0.2 mm 以下，主要包括鞭毛虫，变形虫等原生动物，大部分的轮虫、熊虫、线虫动物等。

（2）中型土壤动物，体长 0.2 mm ～ 2 mm，主要有螨类、拟蝎、跳虫等微小节肢动物，还有涡虫、蚁类、双尾类动物等。

（3）大型土壤动物，体长 2 mm ～ 20 mm，主要有大型的甲虫、蟓象、金针虫、蜈蚣、马陆、蝉的幼虫和蜘蛛等。

（4）巨型土壤动物，体长大于 20 mm。巨型土壤动物包含有脊椎动物和无脊椎动物两大类，其中，脊椎动物中，有蛇，蜥蜴，蛙，鼠类和食虫类的鼹鼠等；无脊椎动物中，有蚯蚓和许多有害的昆虫（包括蝼蛄，金龟甲和地蚕）。

2. 按栖居特点划分一般可以分为三类。

土壤动物在土壤中的分布受到生态因子的制约，由于土壤并非是完全均质，而是分成层次，在土壤垂直分层的总体环境影响下，其中的土壤动物可分成以下三类：

（1）真土居动物，是指生活在较深层的（A 或 B 层）矿质土壤之中的动物，这些动物常具有挖掘，钻孔的能力，如蚯蚓等。

（2）表土居动物，是指生活在地表或枯枝落叶层的类群，如蜗牛等。

（3）半土居动物，是指生活在土壤的上层，枯枝落叶层和腐叶层，如螨类。

3. 按对水分条件的要求或对水分环境的适应划分，一般分为三类，分别是水生动物（水田等湿地环境）、湿生动物（水膜动物）、旱生动物

4. 按食性划分。一般可分为五类，分别是植食者，腐食者，食微者，肉食者，杂食者。

5. 按土壤动物的系统分类，涉及动物界的 8 个门，分别原是生动物门、扁形动物门、轮型（轮虫）动物门、线形动物门、软体动物门、环节动物门、缓步动物门、节肢动物门。其中以扁形动物门、轮型（轮虫）动物门、软体动物门、环节动物门、缓步动物门最为常见。

1. 扁形动物门，属于无脊椎动物，是一类两侧对称，三胚层，无体腔，无呼吸系统、无循环系统，有口无肛门的动物。已记录的扁形动物约有 15000 种。它们生活于淡水、海水等潮湿处，体前端有两个可感光的色素点，体表部分或全部分布有纤毛。按其形态结构及生活习性分为三纲：涡虫纲、吸虫纲和绦虫纲。

2. 轮形动物门。轮形动物是在显微镜下才能看见、身体前端有

一个轮盘的、主要生活在淡水中的小型动物。一般体长在 0.5 mm 以下，最大的体长达 3 mm 左右，通常无色透明，由于消化道内所具有的不同食物的原因使身体呈现绿色、橘色或褐色等。轮形动物身体呈长圆形或囊形，可区分成不明显的头部、躯干部及尾部。轮形动物约有 1800 种左右。轮形动物在假体腔动物中是相当繁盛的一类。

3. 软体动物门，是仅次于节肢动物的第二大门类。身体柔软不分节，一般可分为头、足、内脏团和外套膜四部分。具口的头部位于身体前端。除双壳类外，其他各类软体动物口腔内有颚片和舌齿。有 10 余万种，分布广泛，从寒带、温带到热带，从海洋到河川、湖泊，从平原到高山，到处可见，例如鲍鱼、田螺、蜗牛、蚶、牡蛎、文蛤、章鱼、乌贼等。

4. 环节动物门，为两侧对称、具分节裂体腔的动物。已描述的环节动物约 13000 种，常见种类有蚯蚓、蚂蟥、沙蚕等。环节动物的体长从几毫米到 3 米。它们栖息于海洋、淡水或潮湿的土壤。

5. 缓步动物门，俗称水熊虫的一类小型动物，主要生活在淡水的沉渣、潮湿土壤以及苔藓植物的水膜中，少数种类生活在海水的潮间带。有记录的缓步动物大约有 750 余种，其中许多种是世界性分布的。

第二节　土壤原生动物

土壤原生动物泛指生活在土壤中或土壤表面覆盖的凋落物中的原生动物。它是进化程度最低（原核生物）的单细胞的小型动物，靠纤毛或鞭毛运动小的直径只有 2 μm，长度多在 100 μm 以下。不同土壤中原生动物种类也不同，但一般均为表层较多。对土壤原生动物的研究始于 19 世纪 30 年代，人们发现土壤中有许多原生动物类群并就此展开了广泛的研究与讨论，当时一般认为土壤中的原生动物来源于海洋或湖泊。直到 20 世纪初，科学家 Martin 及其同事首次证明土壤中的原生动物是一个相对独立存在的以土壤为栖息地的群落，成为土壤原生动物研究的转折点，土壤原生动物从此进入了详细而系统的研究。

一、土壤原生动物的特点

原生动物是最简单、最低等的单细胞动物，数量大，分布广。形态上它是单一的细胞，生理上它有维持生命和延续后代所需的一切功能，如运动、摄食、呼吸、排泄、生殖等。

众所周知，地球上的所有生物均起源于水生环境，之后陆地出现，许多生物迁移登陆并逐渐适应了新的环境定居下来，以至形成了陆地上多种多样的生物类群。原生动物也不例外，现在生存的原生动物同样起源于水体，并且分为土壤原生动物和水生原生动物。但由于对陆地生态系统的长期适应，土壤原生动物已形成了其自身的特征。

（1）群落特征。土壤原生动物群落与水生原生动物群落相比较，存在着群落组成上的差异。一方面，水生原生动物群落中有些很常见的类群，如草履虫属、豆形虫属及梨形四膜虫的大多数种类在土壤原生动物群落中是不存在的，吸管虫和缘毛类在土壤中十分贫乏；另一方面，土壤原生动物群落中存在一些水生原生动物群落中没有的类群，如拟篮环虫属、拟匙口虫属等。因此，虽然土壤原生动物与水生原生动物之间存在着千丝万缕的联系，但经过长期的适应与进化，土壤原生动物已成为一个相对独立的群落。

2．形态学适应性特征。土壤原生动物为了更好地适应土壤环境，在形态上出现了许多适应性进化。

（1）土壤纤毛虫形态学适应特征。土壤纤毛虫最显著的特征之一是体形较小。土壤纤毛虫的平均体长为 110 μm，平均体宽为 36 μm，小于水生纤毛虫。土壤纤毛虫另一特征表现在身体形状上，许多土壤纤毛虫特有种和常见种身体纵长或呈蠕虫状，有些种类形成长"尾"。土壤纤毛虫的这些特征有利于虫体在土壤颗粒间隙中活动。

（2）土壤有壳肉足虫的形态学适应性特征。土壤有壳肉足虫的形态学适应特征包括：a.其壳的体积、壳长、壳宽及壳高比淡水种类小；b.壳上角与棘的减少或缺失；c.壳以半球形为主，具有平坦的腹面及斜开口、隐开口、小开口或内陷的壳口。这些特征有利于土壤有壳肉足虫在土壤颗粒间隙中活动，能减少暴露于空气与干燥环境的细胞质区，从而减少体内水分的蒸发。

3．生理学适应性特征。土壤原生动物的生理学适应性特征体现在很多方面，在此仅介绍包囊形成与解囊萌发方面的一些特征。众所周知，形成包囊是各种生态系统中原生动物的普遍特征，但这个特征在土壤原生动物群落中显得尤为突出。土壤原生动物除了形成生殖包囊和在受到环境条件胁迫尤其是当土壤湿度变很低时形成静休性包囊外，在长期进化过程中，还产生一种生理性包囊，即土壤原生动物在未受到环境条件胁迫时，亦能定期地、自发地形成静休性包囊。土壤水分是土壤原生动物生存、繁殖和分布的限制因子，而土壤含水量变化无常，生理性包囊形成机制可以防止在遇到突然的水分胁迫时种群和群落中个体数量的大量损失，使个体数量保持相对稳定。此外，土壤原生动物还存在延时解囊作用，即土壤水分由缺乏转为充分时，包囊亦不立即萌发，而是要经过一段时间后才萌发。这也是土壤原生动物在长期适应和进化过程中形成的一种保护机制。

4. 分布特征及功能营养群。原生动物在土壤中呈明显的垂直分布，其分布趋势为：枯枝落叶层（包括腐殖质）中最丰富，0 cm～5 cm 土层较多，5 cm～10 cm 层次多，10 cm～15 cm 层很少，30 cm 以下则没有原生动物分布。

二、土壤原生动物的类群

在分类学上将土壤原生动物划为 4 个亚门，即鞭毛虫亚门、肉质虫亚门、纤毛虫亚门和孢子虫亚门（图 5-1）。

1. 土壤原生动物中靠伪足运动的为变形虫，靠鞭毛或纤毛运动的分别为鞭毛虫或纤毛虫。

鞭毛虫多为单核，通常有 1 根～4 根鞭毛，偶然也有 4 根以上的，用于运动和感觉。许多鞭毛虫具有薄而坚韧的表膜或被以一层胶状物。生活土壤中的鞭毛虫个体较小，长度为 5 μm～20 μm。根据是否含有叶绿素，鞭毛虫可分为植物性鞭毛虫和动物性鞭毛虫。前者如眼虫，含有叶绿素，能够进行光合作用。植物性鞭毛虫纲和藻类之间无明显区别。后者如各种滴虫，无叶绿素，进行异养生活。动物性鞭毛虫纲的成员无色，接近于动物。

2．变形虫又称肉足虫，形体小，无色透明，体形不固定，体表为一层薄的细胞膜，细胞质分为较透明的外质和致密的具颗粒的内质，内质中具有一扁盘状细胞核和调节水分平衡的伸缩泡。变形虫可通过内质的流动在身体的任一部位产生临时性突起，称为伪足，是运动和摄食的细胞器。变形虫以藻类、细菌和其他原生动物为食物，通过吞噬作用在内质中形成食物泡，还可通过胞饮作用摄取水溶性营养物，不能消化的食物残渣留在身体相对的后端排出。变形虫有两种类型：一类为裸露的，如变形虫属；一类为有壳的，壳上存在可供伪足伸出的孔。

3．纤毛虫属纤毛亚门，是原生动物中结构最复杂、种类最多的一类。大多数纤毛虫在生活史的各个阶段都有纤毛，以纤毛作为运动细胞器。纤毛在虫体表面有节律地顺序摆动，形成波状运动，加之纤毛在排列上稍有倾斜，因而推动虫体以螺旋形旋转的方式向前运动。虫体也可依靠纤毛逆向摆动而改变运动方向，向后移动等。纤毛虫的体形多样化，有球形、椭圆形、瓶形、杯形、树枝形等。纤毛虫的掠食方式十分有趣，能因口味不合而放过细小的鞭毛虫，如果感到有可口的猎物（如草履虫）靠近，就突然伸长触手刺入捕获猎物，并立即放出毒素以麻醉它，然后慢慢吸吮其最有营养价值的细胞核部分。在掠食时伸缩泡的活动频率也大大加快。这种吃食用的触手的顶端有一个小的球形结节，叫吮吸触手。另一种触手较细长，顶端是尖的，作为抓食时卷缠捕获物之用，叫抓握触手。只有少数纤毛虫的种类同时有这两种类型的触手。

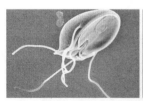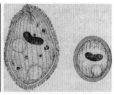

图 5-1　土壤中常见的原生动物（鞭毛虫、变形虫、纤毛虫）

三、原生动物在土壤中的分布及数量

原生动物有较强的生态适应性，广泛分布于各种土壤中；数量在所有土壤动物类群中最高，但波动很大，有明显的季节变化和日变化；以鞭毛虫或裸变形虫占优势，而纤毛虫数量较少，与有壳变形虫接近；生物量或现存量较低，但世代短，活性高，周转快，理论上次级生产量可能超过其他所有土壤动物类群；主要影响因素是食物来源和水分状况。例如，鞭毛虫和变形虫在湿润森林凋落物层及表土中均可达 $10^6/g$ 土，而在沙漠土壤中仅为 $10^2/g$ 土；根际效应较明显。

四、土壤原生动物的生态功能

1. 对微生物种群的调节

土壤原生动物生长很快，且有惊人的捕食能力。据 Stout 和 Heal（1967）估计，土壤原生动物每年取食的细菌为细菌现存量的 17 倍～ 85 倍，达 $1.5×10^{14}$ ～ $9×10^{14}$ 个。据调查，落叶林土壤中有壳变形虫平均现存量只有 0.72 g/m^2（湿重），但次级生产量是 206 g/m^2（湿重），而消耗的细菌总量达 $1377 \text{ g/m}^2/$ 年，相当于细菌现存量的 60 倍。此外，原生动物对微生物群落结构和微生物活性也产生影响。

2．原生动物与土壤 N 素矿化

土壤据测定，原生动物对土壤净 N 矿化的贡献率：草地为 12%、农田为 20%。原生动物对 N 的矿化主要是通过与微生物的相互作用进行的。此外，原生动物属排 NH_3 生物，也可直接释放出一部分 N 素。

3．原生动物的共生和寄生作用

某些土壤原生动物可与土壤动物共生。这些共生者有助于动物摄食、食物的分解、消化和吸收，如鞭毛虫与白蚁在肠道内的共生、纤毛虫与软体动物的共生等。此外，土壤原生动物有的成员是寄生性的，它们寄生于多细胞动物体内而危害寄主。

第三节　线形动物门——土壤线虫

在众多土壤动物类群中，土壤线虫数量繁多、种类丰富、分布广泛，是土壤动物中十分重要的一类。据统计，目前已鉴定的自由生活线虫有 1380 个属，11050 种。在某些地区，土壤线虫的种类可达每平方米近 120 种，在密度上更可达每平方米 30000000 条。据统计，地球上所存在的线虫种类有 8 万种左右，主要包括寄生性线虫及自由生活线虫。根据线虫食性的不同，土壤线虫可分为食真菌线虫、食细菌性线虫、植物寄生线虫、捕食性线虫及杂食性线虫等不同类群。其中以食细菌性线虫及食真菌性线虫为主。

土壤中 70%～80% 的易分解有机碳、氮存在于土壤微生物中，因此，土壤动物捕食土壤微生物速率的变化对土壤中碳、氮的周转至

关重要。在森林凋落物中，食细菌性线虫每年每平方米可消耗约 80g
的细菌。由于线虫的生长速率及生物量的碳氮比均小于土壤微生物，
因此土壤食微生物线虫取食细菌或真菌时会释放出大量 CO_2、NH_4^+
及其他含氮化合物，进而影响土壤碳、氮循环过程。同时，线虫对环
境变化十分敏感，是研究生态系统结构、功能对环境扰动响应的重要
指示生物。例如，研究发现线虫群落对土壤演替过程具有良好的生物
指示作用，可作为指示土壤功能的重要生物因子。

一、线虫的形态特征

土壤线虫的外形呈线形、圆筒形、纺锤形，身体左右对称，其
横切面恒定呈圆形，因此又称为圆虫。土壤线虫体型较小，体长
多为 0.5 mm ～ 4 mm。线虫的身体是由体壁形成的一个囊，所有
内部器官包含在体壁之内。体壁与内部器官之间的空腔称为假体
腔，腔内充满体液。体壁由角质层、下皮层和纵肌层组成。线虫
的口在虫体前端，通常由 6 枚唇片围成，构成唇区或头部，唇区多
具有 16 个乳突或刚毛等。侧器孔位于唇区之后，如泄管纲线虫尾部
具有侧尾腺孔。消化系统完全，为一条直管道，包括口、口腔、食
道、肠、直肠和肛门。其食道变化较大，是线虫的重要分类依据之
一。线虫的排泄系统分为腺型和管型两种，排泄孔在体前部腹中线
上。线虫的神经系统由一个环绕食道的神经环和由神经环向前、后部
各发出的 6 条神经索组成。线虫的繁殖方式，可以通过雌雄异体交
配，雌雄同体繁殖或者是单性繁殖。线虫的生殖系统发达，雌虫具有
生殖管 1 条～ 2 条，阴门常位于体中部或体后部腹中线上。雄虫具有

生殖管 1 条～ 2 条，生殖管后部与直肠合并为泄殖腔，其开口近体后端腹侧，具有 1 个或 2 个交合刺，交合伞有或无。线虫的无循环系统和呼吸系统（图 5-2），生活史包括虫卵、1 期～ 4 期幼虫和成虫 6 个时期，期间蜕皮 4 次。

图 5-2　线虫

二、线虫的生活习性及生态作用

线虫的生活史简单，包括卵、幼虫和成虫三个阶段。

幼虫是由 4 个龄期，先后发育成成虫，后由两性交配产卵，最后完成一个发育循环。例如，垫刃目线虫的第 1 龄幼虫在卵内发育，孵化出来的已是第 2 龄幼虫，开始侵染寄主，称为侵染幼虫。经过最后 1 次蜕化变成了成虫。这时候雌和雄虫在表面形态上已明显不同，生殖系统已充分发育。雌虫经过交配后产卵，雄虫交配后随即死去。有些线虫的雌虫可以进行孤雌生殖。在适宜的环境条件下，线虫完成一个世代一般只需 3 周～ 4 周，但也有少数线虫完成 1 代则需 1 年甚至 1 年以上。

线虫在一个生长季大都可以产生若干代。产生的代数因线虫的种类、环境条件及为害方式而不同。例如，植物寄生线虫还是保持水生习性，除了休眠状态的幼虫、卵和胞囊，线虫还是需要在适当的水中或者表面有水膜的土壤颗粒中正常活动和生存，或者在寄主植物的活细胞中和组织内寄生。活动状态的线虫如果长时间暴露在干燥的空气当中，就会很快死亡。线虫发育最适合的温度相对不同，一般都在15℃～30℃之间，在45℃～50℃的热水中10分钟即可以杀死线虫。土壤是线虫最重要的生态环境，有些线虫只有很短的时间从植物中取食，而大部分时间都生活在土壤当中，即使是一些固定的寄生在植物体内的线虫，它们的卵、侵入前的幼虫和雄虫都有一个相当长时期存活于土壤中。

土壤温度和湿度是影响线虫的重大因素，土壤中的温度、湿度高的话，线虫会变得非常活跃，体内的养分消耗快，当然存活时间也较短。线虫缺乏呼吸系统，但单位体重的耗氧量相比人类较高，因此土壤长期淹水或者不通气也会影响它的存活。还有许多线虫能以休眠状态（卵）在植物体外长期存活。

线虫属于水膜动物，在水膜中才能保持活性或进行移动，喜好在水分充足、质地较粗及有较大孔隙的土壤中活动。线虫的食性非常复杂，有的是取食分解中的有机残体的腐生者，有的则以各种活体生物为食而形成复杂的食物网络关系，植物的寄生者也很常见。线虫取食活的有机物质，其取食方式有两种，一种是刺吸式吸食真菌、细菌的原生质；另一种是把细菌整个吞下。食细菌线虫每年取食细菌的数量可达 800 kgha^{-1}，但被吞食的细菌仅有 40%～60% 被破坏吸收，剩余的大部分又通过粪便排泄到土壤中，并且变得更加活跃。线虫对植物的侵害非常广泛，如对番茄、豌豆、胡萝卜、苜蓿等植物的侵害。植物的寄生性线虫有几个会造成巨大经济损失的类型。线虫最常见的几个属有叶芽线虫、根结线虫、胞囊线虫、黄金线虫、根瘤线虫、根腐线虫、茎线虫、剑线虫、长针线虫、毛刺线虫等。一些植物寄生线虫会破坏植物根的组织，并可能形成可见的虫瘿（根结线虫），这对它们的诊断是非常有用的指标。有些线虫会在它们以植物为食的时候传染植物病毒。其中一个例子是匕首线虫，葡萄扇叶病毒，它是一种很重要的葡萄疾病的带菌者。其他的线虫会攻击树皮和森林中的树，最重要的代表是松材线虫，常见于亚洲及美洲。

影响线虫种群的因素包括温度、湿度、土壤结构和通气状况、食物供应以及竞争、捕食和寄生等各种非生物和生物因子。因此不同土壤类型或不同利用方式对线虫的影响是综合和复杂的。但一般有机物的数量及质量和土壤水分状况仍是决定线虫种群的关键因素。另有资料表明，土壤线虫的种群水平与植物初级生产力之间存在一定的关系。据测定，草地表层土壤中提取的线虫总量与牧草产量或生物量呈正相关。但在一些森林生态系统中情况却相反。这种条件下线虫种群密度与进入土壤的凋落物量有关，而不是取决于整个初级生产力。

土壤线虫对土壤有机物的分解、养分转化和能量传递起到关键的作用，是土壤生态系统的重要组成部分，主要表现为以下几个方面。

1. 土壤线虫对土壤碳、氮的动态至关重要。微生物含有土壤中 $70\% \sim 80\%$ 易分解的碳和氮，微生物被土壤动物捕食速率的变化会显著地改变土壤中碳、氮的周转。在森林凋落物中取食细菌的线虫能消耗约 $80g.m^{-2}.yr^{-1}$ 的细菌，并产生 $2g.m^{-2}.yr^{-1} \sim 13g.m^{-2}.yr^{-1}$ 的矿化氮。线虫排泄物可以贡献土壤 19% 的可溶解的氮。一是由于线虫体内氮含量要比它们消费的细菌低；二是线虫的生长效率小于细菌，因此，被线虫所食细菌中大部分的氮通过线虫排泄至土壤中。也就是说，当食细菌线虫和食真菌线虫捕食细菌和真菌时，它们会释放出 CO_2、NH_4^+ 和其他含氮化合物，直接影响土壤碳和氮的矿化。总之，土壤动物主要是通过影响微生物的活动而影响土壤有机质的分解。

2. 作为指示生物。与其他土壤动物相比，线虫作为指示生物发挥着更大的作用，土壤线虫能够被用作指示生物主要是因为它们具有以下几个特征：

（1）线虫是所有多细胞生物中结构最简单和数量最多的，而且分布广泛，无处不在。

（2）在土壤中，线虫生活在一层薄薄的水膜中，它们的可渗性体膜直接与土壤微环境接触。

（3）在环境受干扰时，因为迁移能力弱，它们主要通过其他方式的变化（如脱水或禁食状态）度过逆境。

（4）线虫占据土壤食物网的很多关键链接，它们的食性广而且可被很多其他生物所食。

（5）线虫的身体透明，结构简单易辨。

（6）线虫的结构和功能的关系密切。

（7）线虫对环境因子的变化十分敏感。

另外，线虫世代周期较短，一般为数天或数月，可以在短时间内对环境变化做出响应。因此，线虫正越来越多地被作为土壤指示生物来使用，尤其是用来评价生态系统的土壤生物学效应、土壤健康水平、生态系统演替或干扰的程度。比如，线虫群落对沿海地区沙丘土壤生态演替过程具有很好的生物指示作用。用线虫群落结构作为欧洲草地土壤功能的指示因子；土壤线虫的富集指数和结构指数可更直观地揭示土壤线虫与土壤肥力的关系以及土壤线虫对环境干扰程度的反应水平。有研究表明，土壤线虫的成熟度指数是对判断土壤重金属污染程度很有效的指标。

3. 线虫的群落组成反映了它们的食物资源，并可提供土壤食物网机能方面的信息。Ferris 等根据线虫 c-p 类群计算了土壤食物网中各类相关指数，可直接反映有机质的分解途径和食物网结构的变化，指示土壤生态系统中物质和能量的流通情况，从而在生态系统功能水平上揭示土壤环境的健康状态。

三、土壤中常见的线虫

土壤中常见的线虫，根据其尾部的尾觉器官"侧尾线口"的有无，分为侧尾线口亚纲和无侧尾线口亚纲两类。而其中，无侧尾线口亚纲下面分有嘴刺目；侧尾线口亚纲下面分为小杆目、滑刃目和垫刃目。具体如下：

1. 嘴刺目

嘴刺目线虫的主要特征为：口腔有口针，称为齿针，但粗短，并且齿托不明显，齿针顶部倾斜似注射器针头前端；食道前部细长，后部膨大近圆柱形，整个食道呈长瓶状，无骨化结构；虫体较长，无明显的排泄孔。

2．小杆目

小杆目线虫的主要特征为：口腔无口针；食道为两部分，柱形的前部和球形的后部，或食道分为四部分，柱形的前体部、膨大而无骨化瓣的中食道球、细窄的狭部和具有骨化瓣的后食道球。

3．滑刃目

滑刃目线虫的主要特征为：口腔有口针，口针基部略膨大，有一小的基部球；食道分为四部分，柱形的前体部，膨大却有显著骨化瓣的中食道球，细窄的狭部和无骨化结构的后食道腺；背食道腺和亚腹食道腺均开口于中食道球；中食道球为方圆形，大于体宽的 3/4。

4．垫刃目

垫刃目线虫的主要特征为：口腔有口针，口针由针锥部、杆部和基部球组成；食道为四部分，柱形的前体部、膨大并且通常有骨化瓣（中食道球瓣）的中食道球、细窄的狭部和无骨化结构的后食道腺；背食道腺开口于食道前体部，常位于口针基部球后附近；中食道球一般为卵圆形，小于体宽的 3/4。

第四节　土壤里的螨

螨分布于世界各地，从沙漠到极地，从山顶到河流，从地表植被到土壤，从原始森林到人类居室，都生活着大量的螨。可以说，任何一点正在腐烂的有机质，无论是南极洲企鹅排出的粪便，还是热带雨林蝇蛆滋生的蘑菇，都很可能包含着难以置信的种类繁多的螨类。在冰川融化汇集的小溪中，在温泉的边缘，在树叶聚集的暂时水洼中，在大海深处，也都可以发现螨类的踪迹。世界上已发现螨虫有50000多种，仅次于昆虫，其中不少种类与医学有关。现发现螨虫与人的健康关系非常密切，诸如革螨、恙螨、疥螨、蠕形螨、粉螨、尘螨和蒲螨等可叮人吸血、侵害皮肤，引起"酒糟鼻"或蠕螨症、过敏症、尿路螨症、肺螨症、肠螨症和疥疮，严重危害人类的身体健康。

土壤表层中有潮湿的腐烂有机物碎屑，它们为很多种螨类提供了良好的生存条件。以数量和分布来说，螨类在土壤动物中名列前茅。例如在我国温带地区的土壤动物组成中，螨类的个体数量百分比为 60% 以上。这些土壤螨类大多数以腐烂的动、植物为食，是生态系统中重要的分解者。

一、螨类的形态特征

螨是蛛形纲中数量、种类最多，形态变化最大的一类动物，它与昆虫和蜘蛛的主要区别（表 5-1）。

表 5-1　土壤螨类与昆虫、蜘蛛的形态差别（尹文英，192）

项目	昆虫	蜘蛛	螨
足	3 对	4 对	4 对
翅	有	无	无
触角	1 对	无	无
体段	头、胸、腹	头胸部、腹部	颚体、躯体
食性	多样	肉食	食性多样

螨体大多为卵圆形，少数为蠕虫状，体长小者大约为 0.1 mm，大者可超过 1 cm。螨的体部有的非常柔软，几乎没有颜色，有的格外坚硬，呈褐色或黑褐色，也有的色彩艳丽，呈红色、黄色或绿色等。螨身体已愈合成一团，除原始种类外，已很少表现出分节痕迹，但在第 2 足和第 3 足之间往往有 1 条横缝。少数种类体表有轮状环纹，这并非真正体节，只是肌肉附着点表现在体表上的构造。

螨身体由卵圆形躯体和前方的颚体两部分构成，其间以围头缝为界。躯体根据足的位置分为足体和末体两部分。前者为 1 足～4 足所在的部位，后者是第 4 足所在部位。足体又分为前足体和后足体，前者是第 1 足和第 2 足所在的部位，后者是第 3 足、第 4 足所在的部位。往往把颚体部和前足体部全称为前半体，第 3 足之后的部分则称为后半体。

颚体大多位于躯体前端，从背面可见，少数位于颚体之下。颚体附有口器和感觉器官，为摄食和感觉中心，似昆虫的头部，但眼和脑不在其上，而在躯体。颚体结构复杂，其基部为颚基，犹如骨化环或管子。1 对螯肢包围其中，其间或下为口。两侧有须肢 1 对，其基节扩大形成颚基侧壁。颚基顶部为头盖，底部为颚基底，颚基底前方为口下板。躯体是身体的主要部分，或柔软光滑，或覆盖有种种骨化板及刚毛。背面板及刚毛的排列和数目是分类的重要特征。足位于躯体腹面，绝大多数成螨和若螨具有 4 对足，幼螨具有 3 对足，但少数种类成螨足仅有 2 对或 3 对；足节上刚毛排列和数目（毛序）是分类特征之一。腹面有骨化板，从前到后有胸板、生殖板、腹板和肛板，不同类群腹面板分化及愈合不同。螨以体壁或气管系统呼吸，前者多为体柔软的种类；管以气门对外开口，气门有无、数目及位置是亚目的分类依据。生殖孔和肛门位于躯体腹面，位置因种类而不同，但生殖孔总位于肛门之前，一般生殖孔位于第 4 足基节间，而肛门位于躯体近末端（图 5-3）。

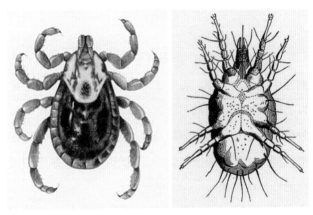

图 5-3　螨虫的形态（左：背侧面；右：腹侧面）

二、螨类的生活习性及生态作用

螨一生包括卵、幼螨、若螨和成螨 4 个阶段。若螨期一般有 2 个～ 3 个，甚至更多。有些种类无幼螨期，有些则无螨期。有许多种类的螨的生活史中出现休眠体，这是对不良环境的一种适应（图 5-4）。

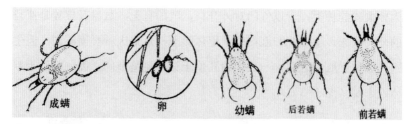

图 5-4　螨类生活史

　　螨为雌雄异体，除两性生殖外，孤雌生殖是普遍的生殖方式。两性生殖的种类中，有些无特殊的外生殖器，交配是间接的，即雄螨以螯肢或足，或借助于其他物体，将包有精子的精包传递给雌螨；有外生殖器的种类，则雌雄直接交配，以完成受精过程。孤雌生殖的种类，群体中很少或没有雄螨，因产下后代性别不同又有产雌、产雄和产两性孤雌生殖。

　　螨广泛分布于地球各处，栖息于地表、土壤、海水和淡水中以及动物和植物体内等。就食性而言，螨类多数是自由生活的，亦有许多是动植物的寄生者。自由生活的多数生活于地表、土壤和腐败的动植物遗体上，它们构成独特的土壤动物类群。其中隐气门亚目的甲螨是土壤中最常见的螨类。

　　生活在土壤中的甲螨，其数量和种类是土壤节肢动物中最多的，稍含有机质的土壤中都有甲螨生存，含有大量有机质的土壤（如森林表层土壤）是甲螨最适宜的栖息场所。甲螨数量以土壤表面约 5 cm的范围内最多，但在堆积腐殖质层厚的土壤，即使在相当深度仍有许多甲螨。影响甲螨分布的主要因素有气象条件、地表植物种类、覆盖程度及落叶的树叶质量等。

甲螨的食性分为六大类：①大植食性，取食高等植物死亡腐烂组织，也被称为腐食性；②微植食性，取食活的微生物；③泛植食性，对植物和微生物的取食没有偏爱；④食动物食性，取食活体动物；⑤尸食性，取食动物尸体；⑥粪食性，取食动物粪便。这六种食性，前三种常见，后三种偶尔可见。

在暖温带地区的森林中，甲螨种类约占整个土壤动物种类总数的 1/5。甲螨不但种类多，而且个体数量十分惊人，在温带森林土壤中，1 m^2 的范围内甲螨物种可达 100 种～ 150 种，个体数可超过十万头。有数据表明，螨类在土壤动物中的数量占总个体数的 28%～ 78%，而甲螨在土壤螨类中的数量占 62%～ 94%。甲螨主要为腐食性和菌食性，地面植物的枯枝、落叶、落果以及土壤中的残根等，通过甲螨等土壤动物的取食而得到粉碎、瓦解，加之土壤微生物的共同参与，使得有机物质的分解得以完成，并有助于土壤的形成和肥力的增加。甲螨对其所取食的有机物在消化道内吸收率很低，大多作为粪便排出，这种粪便积蓄在土壤中，对土壤腐殖化有重大意义。由于甲螨的种类、个体数量在土壤生态系统中非常庞大，对于土壤物质循环和能量转换、保持土壤肥力及可持续利用、恢复和治理退化土壤等发挥着重要作用。

第五节　环节动物——蚯蚓

蚯蚓作为一类古老的动物在自然界已经存在了 6 亿年以上，并且广泛分布于各种土壤环境中，但是我们对它的科学认识则只是最近 1～ 2 个世纪的事情。在 1758 年林奈的《自然系统》第十版中仅仅记载了一种蚯蚓，并且将其归入蠕虫类。因为这类动物已经具有了真正意义上的体腔分节，法国著名进化论先驱拉马克将蚯蚓从林奈的蠕虫类中划分出来，建立了现在的环节动物门。随后人们认识到在环节动物门中包括了主要生活在海洋中的多毛类和生活于淡水中或陆地上的寡毛类及蛭类（或无毛类）。现在我们所说的通常意义上的蚯蚓是指生活于陆地上的寡毛类（其中一部分可以生活在较为潮湿，甚至水环境中），称之为陆栖寡毛类。

经过一百多年的研究，现在全世界已经记载了近 3000 种蚯蚓。蚯蚓作为土壤动物最大的常见类群之一，是土壤可持续利用的关键性物种，是生态系统的重要物质分解者，其功能的充分发挥是生态系统物质良性循环的有力保证。过去，关于有机物质分解转化，人们大多认为是微生物活动的结果。事实上，蚯蚓的生命活动在土壤生物小循环中必不可少。蚯蚓类似肾小管的产尿管和类似肝细胞的体组织等结构和解毒功能使其在环境污染治理中具有广泛的用途。目前，蚯蚓已成为环境生态研究主要载体之一。蚯蚓通过取食、粉碎、混合等活动使复杂有机质转变为微生物可利用的形式，增加土壤微生物与有机质的接触面积，促进微生物对有机质的矿化作用，对土壤中碳、氮、磷养分循环等关键过程产生影响，最终促进土壤养分循环和周转速率，提高土壤生物肥力。蚯蚓可以通过改善微生境（排粪、作穴、搅动）提高有机物的表面积、直接取食、携带、传播微生物等方式影响土壤微生物数量、活性、组成和功能。目前已知蚯蚓有 2500 多种，达尔文 1881 年就曾指出，蚯蚓是世界进化史中最重要的动物类群。

一、蚯蚓的形态特征

蚯蚓体型为长圆筒状，最大特征是其身体有多样构造的体环分割，皮下有发达的环肌、纵肌及背腹肌，性成熟个体可在体前部形成与体色不同的环状肥肿，即环带。穴居土壤中的称为陆蚓，生活在水底的称为水蚓。它们吞食土壤，摄食其中的有机物质，或食植物枝叶碎片等；以皮肤呼吸，体表总保持湿润；昼伏夜出。

蚯蚓的身体结构从口腔开始到肛门依次分为咽头、食道、嗉囊、砂囊和肠道几个部分，咽头和砂囊有强有力的肌肉质壁，所以很多土壤环节动物挖掘和粉碎食物的能力突出。其食道的两侧常分布有石灰腺（钙腺），可排除摄取食物中多余的钙质，或是中和消化道的酸度以助消化（图 5-5）。

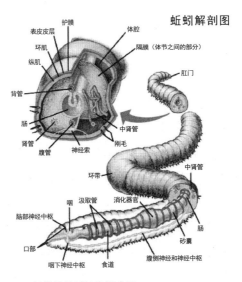

图 5-5　蚯蚓的解剖结构模式图

蚯蚓兼具雌性和雄性两种生殖器官，属雌雄同体生物，但多以异体交配、互换精子，最后产卵孵化出幼虫。蚯蚓的产卵量随种类不同而异。

二、蚯蚓的生活习性及生态作用

1. 蚯蚓的"家"

蚯蚓生活在阴暗潮湿、富含有机物的环境中，15℃～25℃为最佳温度，土壤的含水量一般在 60% 以上。其对生境的选择可归纳为：①喜阴暗。蚯蚓属夜行性动物，白昼蛰居泥土洞穴中，夜间外出活动，一般夏秋季晚上 8 点到次日凌晨 4 点左右出外活动，它采食和交配都是在暗色情况下进行的。②喜潮湿。自然陆生蚯蚓一般喜欢居住在潮湿、疏松而富于有机物的泥土中，特别是肥沃的庭园、菜园、耕地、沟、河、渠道旁以及食堂附近的下水道边、垃圾堆、水缸下等处。③喜静。蚯蚓喜欢安静的环境。生活在工矿周围的蚯蚓多生长不好或逃逸。④喜温暖。尽管蚯蚓世界性分布，但它喜欢比较高的温度。温暖低于 8℃蚯蚓便会停止生长发育。对于蚯蚓而言，繁殖最适温度为 22℃～26℃。⑤畏光。蚯蚓为负趋光性，尤其是逃避强烈的阳光、蓝光和紫外线的照射，但不怕红光，趋向弱光，例如，正如阴湿的早晨有蚯蚓出穴活动就是这个道理。阳光对蚯蚓的毒害作用主要是因为阳光中含有紫外线，经阳光照射试验研究发现，蚯蚓进行阳光照射 15 分钟死亡率达到 66%，照射 20 分钟则 100% 死亡。⑥喜独居。蚯蚓具有母子两代不愿同居的习性。尤其高密度情况下，小的繁殖多了，老的就要跑掉、搬家。⑦畏震。蚯蚓喜欢安静环境，不仅要求噪音低，而且不能震动。桥梁、公路、飞机场附近蚯蚓较少。受震动后，蚯蚓表现为不安或逃逸。

2. 蚯蚓的食物

蚯蚓白天在土壤中穴居，夜间爬到地面，以土壤中的有机物或植物的茎、叶为食，喜酸甜。蚯蚓是杂食性动物，它除了玻璃、塑胶和橡胶不吃，其余如腐殖质、动物粪便、土壤细菌、真菌等以及这些物质的分解产物都吃。蚯蚓味觉灵敏，喜甜食和酸味，厌苦味。喜欢细软的物料，对动物性食物尤为贪食，每天吃食量相当于自身重量。食物通过消化道，约有一半作为粪便排出。

3. 蚯蚓的"脚"

蚯蚓没有眼睛，身体表面有大量感光细胞，尤其前端特别多。蚯蚓没有耳朵，但其体壁上有许多感觉细胞，只要外面有一点小震动它都能感觉到。在放大镜下我们可以看到它外表有刚毛，和我们人类的脚一样。依靠肌肉的收缩与舒张提供运动的动力，与刚毛协调配合完成运动。

4. 蚯蚓的呼吸

蚯蚓没有专门的呼吸器官，依靠湿润的体表进行气体交换（湿润黏滑的体表还可以减少身体与土壤表面的摩擦）。下雨天蚯蚓总是爬上地面，是因为雨水把土壤中的空气都挤出去了，蚯蚓没法呼吸，被迫爬上地面进行呼吸。另外，蚯蚓不能保持恒定的体温，因此为了保暖，冬天蚯蚓往往生活在深层土壤中，因为深层的温度、湿度较大且敌害较少。这就是为什么夏天易在土壤表面挖到蚯蚓，而冬天却要在深层才能挖到。

蚯蚓在生态系统中有以下几种作用：

1. 在有机物质分解和能流中的作用

蚯蚓在分解中的作用包括粉碎、混合和分解 3 个环节。是与微生物相互作用的过程，这种相互作用在有机物经过蚯蚓体内时已经开始发生。蚯蚓的分解能力在生产上被广泛利用。例如，在新西兰等国依靠接种蚯蚓来清除过厚的草毡层，而用蚯蚓来处理生活垃圾、动物粪便和污泥的例子更多。

2. 蚯蚓活动与物质循环

蚯蚓在物质循环中的作用表现在以下 4 个方面。①在分解有机物质过程中使部分养分矿化释放，蚯蚓的分泌物（黏液）和粪、尿也富含氮、磷等养分。②蚯蚓在作穴、取食和排粪活动中不断对土壤产生扰动，并将矿质土壤与有机物混合，从而导致土壤以及土壤中有机质和养分的再分配。③蚯蚓对养分释放格局的影响。蚯蚓将有机物或肥料混入土壤能减少养分的损失，但也会因蚯蚓增加矿化和土壤渗透性而加快养分的流失。蚯蚓对养分淋失的抑制作用，与蚯蚓活动产生的大量蚓粪改善了土壤交换吸附性能以及促进微生物增殖和养分的生物固定有关，但养分释放平缓化的机制尚不清楚。④加速养分在土壤－植物系统的循环。

3. 蚯蚓在初级生产和次级生产中的意义

蚯蚓活动可促进有机物质的分解和养分的有效化，改善土壤的理化性质，如土壤结构、渗透性、保水性和交换性能等，为植物初级生产力的形成提供了有利条件。另外，蚯蚓肠道及排出的蚓粪中还会有植物激素类物质，多数研究资料表明，只要有较充足的有机物来源或土壤肥力较高，土壤中接种蚯蚓后，植物生产力或作物产量会有明显提高，在某些草地或农田的增产幅度可达 20% ～ 70%。蚯蚓在肥力较低的热带、亚热带红壤生态系统初级生产中的意义可能更大，因为这类系统植物养分的来源、转化和循环更多地依赖生物学过程。蚯蚓在免耕土壤和新开垦农田中的作用也是明显的。蚯蚓的生物耕耘效果可以在一定程度上缓解免耕带来的土壤板结问题；荷兰在围垦地上接种蚯蚓来加速土壤熟化、改善土壤生产性能，已取得成功。

　　蚯蚓是繁殖周期较短、易于培养和控制的高蛋白动物，是生态农业生产环节中的重要次级生产者。利用腐烂作物秸秆、植物枯枝落叶和动物粪便等有机物或是直接在土壤中培养的蚯蚓，可进一步生产有更高价值的经济动物，形成各种复合食物链，这在我国的生态农业实践中已广为采用。蚯蚓也可以用做人类的食品、保健品和垂钓饵料等。

　　4．蚯蚓作为生物指示者

　　由于蚯蚓与土壤肥力关系密切，所以很早以前人们就根据蚯蚓的数量判断土壤肥力高低或熟化程度。另外蚯蚓对干扰较为敏感，可根据其种群大小和结构评价人类活动干扰或环境变化相对程度。蚯蚓体内的污染物因食物链浓聚作用常呈现出异常高的浓度，在指示土壤污染状况中已有很多应用。

第六节 其他常见的土壤动物

一、蚂蚁

（一）蚂蚁的形态特征

蚂蚁属节肢动物门，昆虫纲，膜翅目总科，蚂蚁科的小昆虫，别名蚁、玄驹、昆蜉、蚍蜉。蚂蚁的种类繁多，世界上已知有 11700 多种，有 21 亚科 283 属，中国境内已确定的蚂蚁种类有 600 多种。蚂蚁广布于世界各地，在热带种类最多，随纬度升高而减少。

蚂蚁一般体形小，颜色有黑、褐、黄、红等，体壁具弹性，且光滑或有微毛；口器咀嚼式，上颚发达。触角膝状，柄节很长，末端 2 节～3 节膨大，全触角分 4 节～13 节；腹部呈结状；分有翅或无翅。前足的距离大，梳状，为净角器（清理触角用）。蚂蚁的外部形态分头、胸、腹三部分，有六条腿。蚂蚁卵约 0.5 mm 长，呈不规则的椭圆形，乳白色，幼虫蠕虫呈半透明状。工蚁体形细小，身体长约 2.8 mm，全身棕黄，单个蚂蚁要细看才易发现。雄、雌蚁体都比较粗大，腹部肥胖，头、胸棕黄色，腹部前半部棕黄色，后半部棕褐色。雄蚁体长约 5.5 mm，雌蚁体长约 6.2 mm（图 5-6）。

图 5-6　蚂蚁形态

（二）蚂蚁的生活习性

蚂蚁为典型的社会性群体，具有社会性的 3 大要素：同种个体间能相互合作照顾幼体；具有明确的劳动分工；在蚁群内至少二个世代重叠（不排除个别情况），且子代能在一段时间内照顾上一代。蚁群一般分几个等级，即蚁后、雄蚁、工蚁、兵蚁（图 5-7）。

1. 蚁后：巨大的"产卵机"

蚁后是指有生殖能力的雌性蚂蚁，或称母蚁。蚁后在群体中体型最大，特别是胸部大，生殖器官发达，生活期长达几年；具有飞翔功能，交配后翅膀脱落；在大部分种类和情况下只有蚁后负责产卵，在群体鼎盛期，三周内可产卵 10 万枚至 30 万枚。工蚁出现之前，蚁后依靠肥大身体内的物质储备和翅分解的产物维持自身和幼蚁的生命。工蚁出现后，其活动仅限于交配和产卵，能独立行走，但进食依靠工蚁饲喂。部分种类的蚁后，如猛蚁的蚁后可自己捕食。但是蚁后不能掌控整个蚁群。

2. 雄蚁：会飞的"精子产出器"

雄蚁亦称为父蚁。雄蚁是由无受精卵发育而来；胸部有充分发育的膜翅；头圆小，上颚不发达，触角细长。有发达的生殖器官和外生殖器，主要职能是与蚁后交配，俗称"王子"或"蚊子"。雄蚁成虫生活期很短，仅1周至3周，完成交配后不久即死亡。它们在群体中不承担诸如觅食、筑巢、防卫或育幼的任务，唯一的功能是提供精子。

3．工蚁：无私的"公仆"

工蚁又称职蚁。工蚁无翅，卵巢小，胸部小，是不发育的雌性蚂蚁，一般为群体中最小的个体，但数量最多。工蚁复眼小，单眼极微小或无，上颚、触角和三对足都很发达，善于步行奔走。工蚁没有生殖能力。工蚁的主要职责是建造和扩大巢穴、采集食物、饲喂幼虫及蚁后等。为了冬眠，蚂蚁们要在秋天吃大量的食物来储存体内的脂肪，而在接下来的整个冬天它们是不进食的。正因为如此，蚁群中的工蚁们几乎每天都在寻找食物，以保证蚁群中的每个成员都能吃到足够的食物来抵御冬季的寒冷。有些种类的工蚁是具有生殖能力，如双针棱胸切叶蚁，以及部分猛蚁。

4．兵蚁

"兵蚁"是对某些蚂蚁种类的大工蚁的俗称，是没有生殖能力的雌蚁。通常有巨大的头，可用来封住蚁穴的入口。其上颚发达，可以粉碎坚硬食物，切断入侵者的身体，在保卫群体时立即成为战斗的武器。兵蚁在蚂蚁群体中起防御作用。

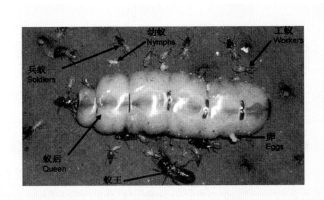

图 5-7　蚁群结构

　　蚂蚁一般都会在地下筑巢，地下巢穴的规模非常大，一般工蚁负责建造巢穴。蚂蚁的地下巢穴有着良好的排水、通风措施。巢穴的出入口大多是一个拱起的小土丘，像火山那样中间有个洞，里面也有用来通风的洞口。蚂蚁巢穴里的每个房间都有明确分类。

　　蚂蚁的寿命很长，工蚁可生存几星期至几年，蚁后则可存活几年甚至十年。一个蚁巢在一个地方可存在一到十年，但是在此期间大部分新生的蚁后会死亡。

　　蚂蚁的食性复杂，无齿猛蚁属和长猛蚁属专门取食节肢动物的卵；猛蚁属仅以等足目的节肢动物为食；毒螯蚁族仅以弹尾虫为食；有的蚂蚁则专门捕食其他蚂蚁；有些蚂蚁取食蚜虫的分泌物；植菌蚁用新鲜植物组织和昆虫粪便种植真菌；有些蚂蚁采集植物种子，这类蚂蚁是农业害虫。

二、蝗虫

蝗虫，俗称"蚂蚱"，属直翅目，包括蚱总科、蜢总科、蝗总科的种类，分布于全世界的热带、温带的草地和沙漠地区。全世界有超过 10000 种蝗虫，我国有 1000 余种蝗虫，但是对农业生产造成危害的只有 20 多种如飞蝗、土蝗等。在我国飞蝗有东亚飞蝗、亚洲飞蝗和西藏飞蝗 3 种，其中东亚飞蝗在我国分布范围最广，为害最严重，是造成我国蝗灾的最主要飞蝗种类，主要危害禾本科植物，是农业害虫。蝗虫是杂食性昆虫，几乎所有绿色植物都是其寄主，蝗虫的食量大，是其他昆虫难以超过的，所以，蝗虫扫荡之处，不只禾本科植物被吃光，甚至能咬得动的植物也无一幸免。

（一）蝗虫的形态特征

蝗虫是不完全变态昆虫，包括卵、若虫、成虫三个阶段。其中，成虫的特征较为显著（图 5-8）。

以东亚飞蝗为例：

东亚飞蝗的成虫：雄成虫体长 35.5 mm～41.5 mm，雌成虫体长 39.5 mm～51.2 mm。身体通常为绿色或黄褐色，常因环境因素影响有所变异。成虫的颜面垂直，触角呈淡黄色。成虫的前胸背板中隆线发达，从侧面看散居型略呈弧形，群居型微凹，两侧常有暗色纵条纹。成虫的前翅狭长，常超过后足胫节中部，有褐色、暗色斑纹，群居型较深。成虫的后翅无色透明成虫的群居型后足腿节上侧有时有 2 个不明显的暗色条纹，散居型常消失或不明显。后足胫节通常橘红色，群居型稍淡，沿外缘通常具刺 10 个～11 个。

（1）蝗虫的头部

蝗虫的头部是感觉和摄食中心，主要的结构有触角、眼和口器。蝗虫有一对触角，丝状、分节，是感觉器官，有触觉和嗅觉作用。蝗虫具有 1 对复眼和 3 只单眼。复眼位于头部上部，左右两侧各 1 只，较大，是由很多小眼组成，是主要的视觉器官。单眼位于复眼和触角中间各 1 只，还有 1 只位于头部前方中央偏上，与另两只单眼呈倒等腰三角形。单眼仅能感光。口器是蝗虫的取食器官。蝗虫的口器由 5 部分组成，包括上唇、下唇各 1 片，上颚、下颚各 2 片，舌 1 片。上颚十分坚硬，适于咀嚼，是切断、嚼碎植物茎叶的主要结构。

（2）蝗虫的胸部

胸部是蝗虫的运动中心，分为前胸、中胸和后胸三部分。在蝗虫的前胸、中胸、后胸各生有 1 对足，分别称为前足、中足、后足。足是分节的，后足发达，适于跳跃，叫跳跃足。

在蝗虫的中胸和后胸上各生有 1 对翅：前翅和后翅。前翅狭长、革质，覆盖于后翅上，起保护作用；后翅宽大、膜质、柔软，常折叠在前翅之下，飞行时展开，是适于飞翔的器官。

（3）蝗虫的腹部

蝗虫的腹部由 11 个体节构成。

①在蝗虫腹部第一节的两侧，各有 1 个半月形的薄膜，这是蝗虫的听觉器官。

②在蝗虫中胸、后胸和腹部第一节到第八节两侧相对应的位置上各有 1 个小孔，这小孔叫气门，共有 10 对。气门是气体出入蝗虫身体的门户，气体交换是通过气管与组织细胞完成的。

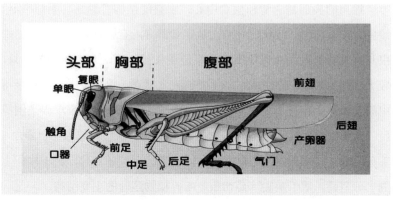

图 5-8　蝗虫的形态结构模式图

（二）蝗虫生活习性

　　蝗虫一般属于兼性滞育昆虫，多以卵在土壤中的卵囊内越冬，仅诸如日本黄脊蝗、短脚斑腿蝗等少数种类以成虫越冬。在 1 年中发生的世代数，取决于该物种的生物学特性与不同地区的年有效积温、食物、光照及其各虫期生长发育情况。例如亚洲飞蝗在我国分布区 1 年发生 1 代。东亚飞蝗在我国长江中、下游及其以北分布地区为 1 年发生 2 代，而江、淮河流域的高温干旱年份则为 1 年 3 代或不完整 1 年 3 代；华南地区 1 年 4 代～5 代。中华稻蝗在长江及其以北地区为 1 年 1 代，江南则为 1 年 2 代。

　　蝗虫的成虫为植食性，而且成虫期补充营养强烈，约占一生总食量的 75% 以上。它们以咀嚼式口器咬食植物叶片和花蕾，成缺口和孔洞，严重时将大面积植物的叶片和花蕾食光，造成农林牧业重大经济损失。有些种类为寡食性害虫，如东亚飞蝗，仅取食禾本科和莎草科植物；有些种类为多食性，如大垫尖翅蝗等。当季节干旱时，它们更贪食，取食的大量食物未经充分消化即排泄出体外，以便从中获得大量水分，供给生理代谢需要，从而增加了对作物的为害程度。

蝗虫的成虫是夜伏昼出，无明显趋光性。当飞蝗密度大时，由于相互感觉而形成条件反射，加剧活动，蝗虫容易形成群聚、静伏、拥挤，然后向某一方向跳跃群迁。

蝗虫是雌雄异体的昆虫。雌虫产卵期较长，一般为 10 天～ 30 天，多次交配，分批次产卵，并将卵产在土下。

三、蚱蜢

蚱蜢是蚱蜢亚科昆虫的统称，中国常见的为中华蚱蜢（图 5-9）。雌虫比雄虫较大，体绿色或黄褐色，头尖，呈圆锥形，蚱蜢触角短，基部有明显的复眼，蚱蜢后足发达，善于跳跃，飞时可发出"喳喳（zhā zhā）"声。如用手握住，它的 2 条后足可作上下跳动。蚱蜢的咀嚼式口器，为典型广栖、植食性优势种，数量大，分布广，常危害农作物及牧草。但是，其营养成分丰富，是一种重要的营养源。

（一）蚱蜢的形态特征

蚱蜢成虫体长 80 mm ～ 100 mm，常为绿色或黄褐色，雄虫体小，雌虫体大，背面有淡红色纵条纹。前胸背板的中隆线、侧隆线及腹缘呈淡红色。前翅绿色或枯草色，沿肘脉域有淡红色条纹，或中脉有暗褐色纵条纹，后翅淡绿色，若虫与成虫近似。卵呈块状。世界上共有5000多种蚱蜢，其中的许多种不仅能跳，而且能飞。在它们又窄又厚的前翼下面，有一对又宽又薄的后翼。蚱蜢飞行时，抬起前翼，而拍打后翼。不过它们更多的是用后足跳跃行进而不是用翅膀飞。

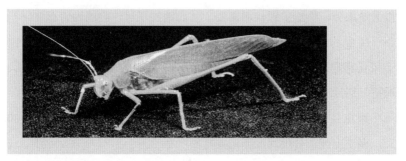

图 5-9　蚱蜢

（二）蚱蜢的生活习性

蚱蜢在各地均为一年一代。蚱蜢的成虫产卵埋于土层内，卵呈块状，外被胶囊。以卵在土层中越冬。若虫（蝗蝻）为 5 龄。成虫善飞，若虫以跳跃扩散为主。蚱蜢没有集群和迁移的习性，常生活在一个地方，一般分散在田边、草丛中活动，吃的是禾本科植物，所以也会对水稻和豆类农作物有一定的危害。此昆虫不完全变态，从卵孵化成若虫，以后经过羽化就成为成虫，不经过蛹的阶段。它 1 年发生 1代，以卵在土中越冬，第 2 年初夏由卵孵化为若虫，若虫没有翅膀，其形状和生活方式和成虫相似。

蚱蜢一般在每年 7 月～ 8 月间羽化为成虫。雌雄成虫交配后，雄虫不久就会死亡，雌虫却大量吃食，积累营养。经过 1 周后，腹内的卵成熟了，就开始产卵。

（三）蚱蜢的文体特长

创造纪录的体育健将会妒忌小小的蚱蜢，它能跳过相当于自己身长 15 倍～20 倍的距离，而且不需要助跑，因为蚱蜢的身体就是为跳跃而设计的。它的两条后腿特别长、特别有劲，在后腿的上半部鼓起厚实而耐劳的肌肉，里面储藏着大量的能量，并能迅速地释放出这些能量。其实，蚱蜢的后腿只适合于跳跃，所以在行走时这两条腿反倒显得很笨拙。当蚱蜢准备跳跃时，它的 4 条小腿便将身子前半部撑起，后腿弯曲，然后突然伸直，把自己射向空中。这样一蹦一蹦地向前跳，速度要比大多数靠奔跑行进的虫子快 10 倍。

有些蚱蜢，通常都是雄性的，用翅膀发出"音乐"来吸引配偶，并告诉别的雄蚱蜢离开这里。不同种类的蚱蜢发出"音乐"的方法是不一样的，它们有的用后腿上的尖叉刮擦前翼的边发出声音，或者让翅膀相互摩擦发出声音。在飞行中，有的蚱蜢以翅膀撞击后腿来发出声音，还有的蚱蜢干脆噼啪噼啪拍打翅膀以发出声音。为听见这些"音乐"，有些蚱蜢在翅膀下面有耳膜，还有的蚱蜢在前肢上有耳膜。聆听这些"音乐"能帮助雌蚱蜢做出正确判断：这位"音乐家"是不是和自己相配。因为每一种蚱蜢只会唱出自己特有的歌。

四、蝼蛄

蝼蛄俗称土狗子，又名拉拉蛄、地拉蛄，属于直翅目蝼蛄科（图 5-10）。我国主要类型有华北蝼蛄、东方蝼蛄、台湾蝼蛄和普通蝼蛄。华北蝼蛄又称单刺蝼蛄，主要分布在北方各地；东方蝼蛄在中国各地均有分布，南方为害较重；台湾蝼蛄发生于台湾、广东、广西；普通蝼蛄仅分布在新疆。

蝼蛄身体细长，翅膀短小，前足粗短扁平像铲子，善于掘土筑洞。为多食性害虫，吃麦、粟、棉花、蔬菜和烟草的根、茎以及幼苗，是农业的主要虫害之一。喜食各种蔬菜，对蔬菜苗床和移栽后的菜苗危害尤为严重。蝼蛄成虫和若虫在土中咬食刚播下的种子和幼芽，或将幼苗根、茎部咬断，使幼苗枯死，受害的根部呈乱麻状。蝼蛄在地下活动，将表土穿成许多隧道，使幼苗根部透风和土壤分离，造成幼苗因失水干枯致死，缺苗断垄，严重的甚至毁种，使蔬菜大幅度减产。

图 5-10　蝼蛄

在昆虫中，像蝼蛄一样能够把疾走、游泳、飞行、挖洞和鸣叫集于一身的昆虫，可以说是绝无仅有，虽说它样样不精，难以获得单项冠军，但却称得上是"五项全能"的好手。

（1）"海陆空"全能

每逢插秧季节，当大田灌满水后，常把蝼蛄的家园冲毁，于是它们纷纷从地洞中出来逃命。有的在水面上游泳，有的在田埂上疾走，一到晚上，它们纷纷向灯光处飞行，真是名副其实的会游、善跑、能飞的"海陆空"全能型健将。

（2）高效的"挖洞机"

说到蝼蛄惊人的挖洞能力，还有个传说呢。很早以前，有个横征暴敛，欺压人民的皇帝，百姓被他压榨得无法生活下去了，便联合起来造反。他们拿起锄头扁担冲进皇宫，皇帝闻讯从后门落荒而逃。追赶的人群喊声震天，惊慌失措的皇帝正无处躲藏时，只见路旁有个蝼蛄挖的土洞，便一头钻了进去，躲过了这场"灭顶之灾"；后来皇帝为报答救命之恩，赐给蝼蛄边地一垄；任它随意吃空垄中禾苗。故事虽然出于虚构，但蝼蛄挖洞能力的强大的确是可见一斑。

（3）不高明的"歌唱家"

你知道吗，蝼蛄还会鸣叫呢！不过，纵然它学着蟋蟀和螽斯那样"摩翅而歌"，在地下传出沉闷的"咕咕"之声，然而结果却难登大雅之堂。

最后要说的是，蝼蛄是一味中药材，具有利水、消肿、解毒的功效。内服可治水肿、小便不利、石淋、跌打损伤等症，外用可治疗脓疮肿毒。

五、蠼螋

（一）蠼螋的形态特征

蠼螋是一种昆虫纲革翅目的杂食性昆虫，别称夹板子、剪指甲虫、夹板虫、剪刀虫、耳夹子虫、二母夹子，盛产于热带和亚热带，头部扁而宽，复眼较小无单眼；触角丝状，一般由 25 节组成；口器咀嚼式（图 5-11）。虫体长 10 mm ～ 16 mm，体宽 2 mm ～ 2.5 mm，体形狭长而扁平，胸部近于方形，腹部共有九节，外观黑褐色，有光泽。成虫前翅短小，呈截断状，革质无脉纹，缺后翅；臀板较大，尾节较小，前胸背板后部不狭窄。足三对相似，跗节为三节，腹部末端有一对不分节的尾须，呈坚硬的铁状，一般雄虫的夹尾比雌虫长，并且尾须内侧长有一齿，一旦受惊动，爬行迅速，窜入土缝或砖瓦杂草中，是一种杂食性的昆虫。

图 5-11　蠼螋

（二）蠼螋的生活习性

蠼螋常生活在树皮缝隙、土壤中、枯朽腐木中或落叶堆下，喜欢潮湿阴暗的环境，如果在家里一般都会在卫生间。蠼螋具有高度母爱，雌虫会不时将卵表面清理干净，避免卵受真菌危害，甚至照顾幼虫至离巢。

蠼螋为渐变态昆虫，若虫与成虫相似，唯若虫个体小、触角节数少。卵球形，产于土缝中；雌虫有护卵习性，食料广泛，一般取食植物花、叶、腐败的动植物残体，还能捕食小昆虫。蠼螋昼伏夜出，行动敏捷，夏季在灯光下能见到它捕食小型蛾类，并常常用尾夹将猎物举起放入口中。蠼螋喜生活在土壤湿润、有机质丰富的杂草丛、砖瓦块、朽木之下。雌虫产卵常数十粒成堆，有较强护卵习性，一旦受惊频繁或遇条件不适宜时，会将自产的卵搬迁或自食掉。成虫有趋光性。蠼螋具有对环境的适应性强、寿命相对较长、捕食害虫种类多、范围广等特点，可以捕食 46 种昆虫，可捕食多种棉花害虫，如小地老虎、棉铃虫、棉小造桥虫、鼎点金刚钻、斜纹夜蛾、红铃虫、短额负蝗、棉蚜等。尤其是对棉蚜的捕食量较大，一头蠼螋的成虫一天平均可捕食棉蚜 179.20 头，最多可捕食 275 头，因此，有巨大的应用潜力。我国蠼螋的主要种类为日本蠼螋，日本蠼螋在赣北以成虫和若虫在土壤内越冬，翌年 4 月下旬或 5 月上旬越冬成虫开始活动、取食和繁殖，5 月中旬至 6 月下旬开始产卵。日本蠼螋在该地区全年可发生 2 代。

六、瓢虫

瓢虫为鞘翅目瓢虫科圆形突起的甲虫的通称，是体色鲜艳的小型昆虫（图 5-12）。瓢虫别称为胖小、红娘、花大姐（指二十八星瓢虫，这是一种害虫）、金龟，甚至因为某些种的分泌物带有臭味而被称为臭龟子。瓢虫是一类非常漂亮的甲虫，圆圆的身体，鞘翅光滑或有绒毛，通常黑色的鞘翅上有红色或黄色的斑纹，或红色、黄色的鞘翅上有黑色的斑纹，也有些瓢虫，鞘翅黄色、红色或棕色，没有斑点；体长通常在 1 mm ～ 15 mm 之间。我们看到瓢虫时，要先数一数它的星点数，再命名。

（一）瓢虫的形态特征

瓢虫的成虫体长 1 mm ～ 16 mm，体型呈短卵型至圆形，身体背面强烈拱起，腹面通常扁平。从背面看，前胸背板和鞘翅基部常紧密相连，宽度相近。头常嵌入前胸中，有时完全被前胸背板盖住。前胸背板和鞘翅背面光滑，或常有或稀或密的细小短毛。

大多数瓢虫具有以下 3 个特征：即下颚须端节斧形，跗节 4 节式和第一腹板具后基线，这些特征可与其他近缘种相区分。

瓢虫足及触角较短（通常不明显）、鞘翅背面无明显的刻点等特征也有助于与其他近似科相区别。但有些瓢虫的体型呈长形，长于体宽 2 倍以上，如北美产的大斑长足瓢虫。

图 5-12 瓢虫

（二）瓢虫的生活习性

瓢虫是全变态昆虫，即幼期的形态与成虫完全不一样。一生要经历4个虫期：卵、幼虫、蛹和成虫。

1. 卵：通常是卵形或纺锤形的，颜色从浅黄色到红黄色，不同瓢虫种类中，卵的长度 0.25 mm ～ 2.00 mm 不等。雌虫产卵时，卵通过雌虫的精子贮存器开口时才受精，这时精子通过卵一端的许多小孔（卵孔）进入卵内。

幼虫：卵孵化后，爬出来的小幼虫会停在卵壳上，通常几个小时，至多一天，等待体表、口器等器官硬化。随后小幼虫分散觅食。通常有3次蜕皮而把幼虫分为4个龄期。蜕皮前停止取食，用它尾部的肛器固定在基质上，头向下而蜕皮。化蛹前，4龄幼虫不食不动。

如遭干涉，体可立起来，但有时未见有外来影响，它也可挺立起来。有些人把这一时期单列为"前蛹期"。

蛹：多数裸露，即在化蛹时把幼虫蜕下的皮蜕在与基质相粘的一端。在生长季节，多数瓢虫的卵历期为2天～4天，幼虫9天～15天，蛹4天～8天，从卵到成虫出现需16天～25天。

成虫：刚羽化为成虫的鞘翅非常柔软，浅色而无斑纹。鞘翅上的斑纹逐渐出现，有时是几分钟，几小时，甚至几天或几周。在野外，瓢虫的寿命各不相同，一些休眠期较长的种类，成虫可生存1年左右，生活两年也较常见。有些成虫如果没有合适的产卵条件，成虫可以不产卵而度过第二个冬天。

在南方，许多瓢虫1年发生5代～6代，有些种类1年发生的代数更多。而在北方地区1年发生的代数相对少些。

捕食性瓢虫成虫寻找猎物的过程中由下列步骤组成：寻找适宜的生境即猎物的寄生植物，然后在植物上寻找猎物，抓住并捕食。显然，在寻找生境过程中，视觉起着重要作用；但亦有例外，有些植物挥发性物质对一些瓢虫的寻食产生作用，如对灰眼斑瓢虫而言，松树的挥发性物质更有吸引力。

一些瓢虫只在特定的生境中生活，有时仅限于特定生境的少数几种植物上。也有许多种类如异色瓢虫、龟纹瓢虫是广布的，许多生境中均可发现它们的踪迹。当生境中猎物变少时，瓢虫会离去外出寻找食物。

七、蜣螂

蜣螂俗称屎壳郎，常见粪食性甲虫，药用昆虫，中药名蜣螂虫。

属鞘翅目金龟甲科。蜣螂能利用月光偏振现象进行定位，以帮助取食。科学家通过对野生蜣螂跟踪观察发现，凡在有月光的夜晚，蜣螂爬向粪源的路线就是直线，而在没有月光的夜晚，蜣螂就找不到北了。原来蜣螂的视网膜对月光的偏振极为敏感，能够依靠月光偏振进行精确的定位，从而能够在外出觅食时不会迷路。蜣螂有一定的趋光性。世界上有 2 万多种蜣螂，分布在南极洲以外的任何一块大陆。最著名的蜣螂生活在埃及，有 1 cm ～ 2.5 cm 长。世界上最大的蜣螂是 10 cm 长的巨蜣螂。大多数蜣螂营粪食性，以动物粪便为食，有"自然界清道夫"的称号。

（一）蜣螂的形态特征

蜣螂全体黑色，稍带光泽。雄虫体长 3.3 cm ～ 3.5 cm，雌虫略小。雄虫头部前方呈扇面状，表面有鱼鳞状皱纹，中央有一基部大而向上逐渐尖细并略呈方形的角突；其后方之两侧有复眼，复眼间有一光亮无皱纹的狭带。前胸背板密布匀称的小圆突，中部有横形隆脊，隆脊中段微向前曲成钝角状，两侧端各有齿状角突 1 枚，在齿突前下方有一浅凹，其底部光滑无小圆突，浅凹外侧有一较深的凹陷，底部小圆突十分模糊或缺如；小盾片不可见；前翅为鞘翅，相当隆起，满布致密皱形刻纹；后翅膜质，黄色或黄棕色。口部、胸部下方，有很多褐红色或褐黄色纤毛，中后足跗节两侧有成列的褐红色毛刺。雌虫外形与雄虫很相似，唯头部中央不呈角状突而为后面平、前面扁圆形的隆起，顶端呈一横脊；前胸背板横形隆脊近似直线，两侧端不呈齿状突角，且只有外侧的深凹，明显可见。如（图 5-13）。

图 5-13　蜣螂　　　　　　　　　　　图 5-14　滚粪球的蜣螂

（二）蜣螂的生活习性

蜣螂栖息在牛粪堆、人屎堆中，或在粪堆下掘土穴居。吸食动物尸体及粪尿等。有夜间扑灯趋光的习性。产卵后，雌雄共同推拽粪土将卵包裹而转成丸状。蜣螂存粪球的洞有一只鞋盒那么大，这是它挖掘工作的最后一部分。先要挖一个比它身体稍大的通道，然后以此为基础，向不同角度拓展空间。积土运走后，蜣螂对洞壁和洞顶进行修整、清理。在过去的 12 小时中，它已搬运了超过自身体重1000 倍的土壤。所有贮存的食物都要搬进一米深的孵育室中。雌性蜣螂沿着它的食品堆周围又挖了一个容纳它身体的空隙，然后蜣螂封住这只洞的尾端，以保证里面的温度。雌蜣螂一直不停地忙着。雌蜣螂用前足把粪球分开，将它产下的卵放到小粪球中。它将卵封闭好，以防水坏死。它需要修正这些卵粪球。先用前足轻轻地拍打纤维性的食料，同时用它的后脚转动着小球，就这样一边拍打，一边转动，粪球越来越光滑。球体内的卵约 2 mm 长，6 天后，它就会孵化出来。球内的幼虫把身体镶嵌在一个固定的位置上，不停地图转动，不停地进食。里面的空间变得越来越大，这给幼虫发育提供了条件。雌蜣螂总是来回依次轮流滚动着它的每一个孵化球，并慢慢地用土把它们盖起来。它来回地翻滚，以便使每一个小球能与潮湿的地面接触。雌蜣螂伸出后腿，比量着每一个球的大小，这对于保持每一个子女有足够的食物是至关重要的。雌蜣螂用土壤覆盖着小球，这层外衣保证里面的幼虫在适当的温度和湿度里生长。经过几个小时的不停滚动，小球包上了一层红色的黏土，它保护着里面的小蜣螂，这个地下洞室就是小蜣螂逃避捕食者、成长发育的好地方（图5-14）。蜣螂主要分布在江苏、浙江、云南及其他大部分地区。

八、螽斯

螽斯，中国北方称其为蝈蝈，是鸣虫中体型较大的一种，体长在40 mm左右，身体多为草绿色，也有的是灰色或深灰色，覆翅膜质，较脆弱，前喙向下方倾斜，一般以左翅覆于右翅之上（图5-15）。头部有黄褐色、细长呈丝状的触角，是其感觉器官之一。后足强健、大腹，善跳跃。后翅稍长于前翅，也有短翅或无翅种类。雄虫前翅具发音器。前足胫节基部具一对听器。后足腿节十分发达，足跗节4节。尾须短小，产卵器刀状或剑状。平时隐藏于草中，或在植物茎秆上爬行、栖息、觅食。主要吃植物的茎、叶、瓜、果等，食量较大，是危害农作物的害虫之一。

（一）螽斯的形态特征

触角：螽斯的外表粗看很像蝗虫，仔细观察便可以发觉，它们的甲远比不上蝗虫那样坚硬，更重要的是，它们有着细如发丝、长于其自身的触角。而蝗虫类的触角又粗又短。

腿部：雄虫的翅脉近于网状，其触须细长如丝状，黄褐色，可长达 80 mm，后腿长而大，健壮有力，其弹力很强，可将身体弹起，向远处跳跃。

听器：能够发出声音的只是雄性螽斯，雌性是"哑巴"，但雌性有听器，可以听到雄虫的呼唤。

鸣器：雄虫的翅脉近于网状，有 2 片透明的发声器，螽斯发出的各种美妙的声音，是靠一对覆翅的相互摩擦形成的。它们的"乐器"长在前翅上，在左覆翅的臀区具一略呈圆形的发音锉，锉周缘围以较强而弯曲的翅脉，中间横贯一条加粗的翅脉作为音锉，音锉上有许多小齿；右覆翅上具边缘硬化的刮器，音锉与刮器相互摩擦，即可产生声音来，由于不同种类音锉的大小、齿数、齿间距都不相同，因而发出的声音也各不相同。此外，翅的薄厚和振动速度也影响鸣声的节奏和高低。由于品种不同，发声的频率也不一样。频率通常在 870Hz～9 000Hz 之间。整个夏天它摩擦前翅 5000 万次～6000 万次。

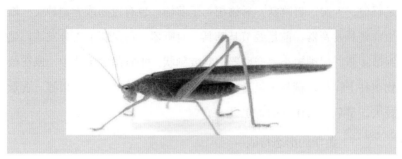

图 5-15　螽斯

（二）螽斯生活习性

当年所产之卵全部在表土层越冬，翌年 4 月天气湿润，卵迅速膨大。孵化时卵壳破裂后，虫体在另一层膜内蠕动，最后膜破裂出土，历时约 2 小时。如天气干旱，卵期延长或隔年孵化。卵期达 244 天～ 669 天。

若虫共蜕 4 次皮，蜕皮时头向下，足抓住附着物，头胸蜕裂线先开裂，依次前足、中足、后足、触角及腹部蜕出，历时约 65 分钟。后将蜕下的皮吃掉。

成虫多在上午羽化，经 7 天～ 13 天开始交配，历时 30 分钟左右，雄虫排出乳白色直径达 10 mm 的黏性精托，并附着在雌性生殖器内外，便结束交配。这时雌虫腹部向前弯曲，并用口咬食精托，将精子挤入贮精囊中，不取食精托则不能产生受精卵。螽斯一生可进行多次交配。雌虫交配后 13 天～ 20 天开始产卵，产卵期很长，怀卵后体重可增加 3 倍左右。产卵时腹部向上提，将卵产于土中，产完卵后用力向后弹土封闭产卵孔，再继续产卵。白天产卵多于晚上，7 月上旬产卵开始，高峰在 8 月，9 月末结束。每头雌虫产卵 200 粒～ 444 粒，每粒卵重 14 mg，雌雄成虫寿命近似，一般为 80 天～ 90 天。进入 9 月下旬成虫很快死亡。

九、螳螂

学名螳螂，亦称刀螂，无脊椎动物（图 5-16）。在古希腊，人们将螳螂视为先知，因螳螂前臂举起的样子像祈祷的少女，所以又称祷告虫。

除极地外，广泛分布，尤以热带地区种类最为丰富。世界已知螳螂 2000 多种左右。中国已知螳螂约 147 种，包括中华大刀螳、狭翅大刀螳、广斧螳、棕静螳、薄翅螳螂、绿静螳等，螳螂是农业害虫的重要天敌。螳螂是肉食性的昆虫，它专门吃其他种类的昆虫。螳螂经常会自相残杀，因此它们对自己的同类也时刻保持着警惕，否则就会有被吃掉的危机。在螳螂交配以后，雌螳螂会吃掉雄螳螂。

（一）螳螂的形态特征

螳螂是昆虫中体型偏大的，体长一般 55 mm ～ 105 mm，非洲的螳螂是世界最大的，身体呈流线型，以绿色、褐色为主，也具有花斑的种类；标志性特征是有两把"大刀"，即前肢，上有一排坚硬的锯齿，大刀钩末端长有攀爬的吸盘。头部呈扇形，较小；复眼突出，大而透亮，以黄绿色为主，晚上在灯光下呈现黑色，单眼，在两眼之间有 3 个小点即单眼；触角细长；颈部可 180 度转动；咀嚼式口器，上颚强劲。前足腿节和胫节有利刺，胫节镰刀状，常向腿节折叠，形成可以捕捉猎物的前足；前翅轻柔，遮住身体全部为覆翅，后翅比前翅要薄，边缘透明色，中间成放射状的紫红色、伸展开呈现扇状，休息时收敛和前翅相合；腹部肥大。前足锋利发达善于捕捉，中、后足适于步行，但有时前足也会用来保持平衡。发育呈变态发育。

图 5-16　螳螂

（二）螳螂的生活习性

螳螂最脍炙人口的是"新娘吃掉新郎"这个桥段。有人认为这是由于雄螳螂比雌螳螂成熟早，求偶时遭到雌性螳螂的反抗所致；还有人认为，雌螳螂吃掉雄螳螂可以为卵的成熟补充营养。科学家以地中海螳螂为研究对象，发现有求偶表现的雄螳螂的初始位置影响着发生自残行为的可能性大小，若雄螳螂位于雌螳螂头部之前，则雄螳螂受到攻击可能性较大，若其位于雌螳螂腹部之后，则受到攻击的可能性较小。还有一种解释就是由昆虫的咽侧体合成分泌的保幼激素受到两类昆虫神经激素的控制，即抑咽侧神经肽和促咽侧神经肽，这是 1 对相互拮抗的激素。前者抑制 JH 的合成，后者使咽侧体处于活化状态。部分研究者在实验室饲养螳螂时，发现食物充足螳螂仍有攻击雄螳螂的行为，一些受到攻击的雄螳螂头部及前胸背板的一部分被雌螳螂吃掉以后，仍能与雌螳螂进行交配。此外，雄螳螂多选择营养状况较好的雌螳螂与之进行交配，然而所处营养状况越好的雌螳螂攻击性也越强，雄螳螂受到攻击的可能性越大。

　　螳螂不是完全变态的，而是渐变态的，它的一生只有三个阶段：卵，若虫，成虫。一年才能长成一只螳螂，螳螂的雌雄性别比是 7：3，作为一种肉食动物，螳螂确实有点残暴。不单单是老婆吃老公，兄弟姐妹互相吃也是有的。据说这种自残会导致 30% 的死亡。而幼虫甚至有 90% 都会因为各种原因死亡。螳螂不能饲养就是因为它们太能自相残杀了，如（图 5-17）。

图 5-17　螳螂新娘与新郎

十、蜈蚣

　　蜈蚣是蠕虫形的陆生节肢动物，属节肢动物门多足亚门（图 5-18）。蜈蚣的身体是由许多体节组成的，每一节上有一对足，所以叫作多足动物，又名百脚、百足虫。身体由 21 节组成，背面是暗绿色，腹面是黄褐色。有的有毒，蜈蚣生活在腐木和石隙中间，行动十分敏捷，每当晚上外出捕食小动物，而白天则闭门不出。蜈蚣在中医学上有重要的医药价值。常见的蜈蚣有红头、青头、黑头三种。红头的背部呈红黑色，腹部现淡红色，足为淡橘红色或黄色。青头的背部和足部呈蓝色，腹部淡蓝色，体型小，长度约为红头蜈蚣的二分之一。黑头蜈蚣背部和足部呈黑色，腹淡黄色，体型更小。红头蜈蚣体型大，产量高，性情温顺，适应性强，生长快。一般在农村较为多见，常位于潮湿的墙角、砖块下、烂树叶下、破旧潮湿的房屋中等，在夏天较为常见。蜈蚣是肉食性动物，食谱范围比较广泛，尤其喜欢捕食各种昆虫。蜈蚣有毒腺分泌毒液，本身可入药用。适宜人工饲养。蜈蚣与蛇、蝎、壁虎、蟾蜍并称"五毒"。具有息风镇痉、攻毒散结、通络止痛之功能。用于小儿惊风、抽搐痉挛、中风口眼歪斜、半身不遂、破伤风症、风湿顽痹、疮疡、瘰疬、毒蛇咬伤。

蜈蚣的脚呈钩状，锐利，钩端有毒腺口，一般称为腭牙、牙爪或毒肢等，能排出毒汁。被蜈蚣咬伤后，其毒腺分泌出大量毒液，顺腭牙的毒腺口注入被咬者皮下而致中毒，毒素不强，被蜇后会造成疼痛但不会致命。

药用蜈蚣是大型唇足类多足动物，只有 21 对步足和 1 对颚足；"钱串子"是蜈蚣近亲，学名蚰蜒，只有 15 对步足和 1 对颚足；"石蜈蚣"也只有 15 对步足。还有些蜈蚣的步足又多又短，有 35 对、45 对，最多的达到 750 对。

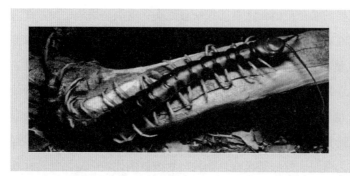

图 5-18 蜈蚣

蜈蚣畏惧日光，昼伏夜出，喜欢在阴暗、温暖、避雨、空气流通的地方生活。蜈蚣喜欢生活在丘陵地带和多沙土地区，白天多潜伏在砖石缝隙、墙脚边和成堆的树叶、杂草、腐木阴暗角落里，夜间出来活动，寻食青虫、蜘蛛、蟑螂等。一般在 10 月天气转冷时，钻入背风向阳山坡的泥土中，潜伏于离地面约 12 cm 深的土中越冬至次年惊蛰后（三月上旬），随着天气转暖又开始活动觅食。

蜈蚣钻缝能力极强，它往往以灵敏的触角和扁平的头板对缝穴进行试探，岩石和土地的缝隙大多能通过或栖息。密度过大或惊扰过多时，可引起互相厮杀而死亡。

蜈蚣为典型的肉食性动物，性凶猛，食物范围广泛，尤喜食昆虫类。在早春食物缺乏时，也可吃少量青草及苔藓的嫩芽。

十一、马陆

马陆也叫千足虫、千脚虫、秤杆虫。马陆属于节肢动物门，多足亚门，倍足纲，体节组成。长约 20 mm ～ 35 mm，暗褐色，背面两侧和步肢赤黄色。马陆能喷出有刺激性气味的液体，热带雨林中的马达加斯加猩红马陆喷出的液体能使人双目片刻失明。

马陆在世界上约 10000 种。世界上最大的千足虫是非洲巨人马陆，可达 38 cm 长，身围直径有 4 cm。身体黝黑光亮，被触碰后，它的身体会扭转成螺旋形。栖息在潮湿耕地或石堆下，常成群活动。以腐殖质为食。有时损害农作物。有一些人会误把马陆当成蜈蚣，其实它们是节肢动物中的两个分支。马陆的身体呈圆长形，是由黑色、黄色相间的体节所构成，头部有一对触角，每对体节有两对纤细的黑脚，如（图 5-19）。

图 5-19　马陆

十二、蟋蟀

蟋蟀俗称"蛐蛐"，又叫"促织"。体长 15 mm ～ 40 mm，触角比身体还长。雌虫三尾，中间一尾为产卵管。雄虫二尾，生性好斗，会摩擦翅膀鸣叫。吃庄稼的根、茎和叶，是害虫。蟋蟀穴居，常栖息于地表，砖石下或土中，如（图 5-20）。

图 5-20　蟋蟀　　　　　　　　　　图 5-21　蝎子

十三、蝎子

蝎子昼伏夜出，是冷血动物，有冬眠的习性，胆小易受惊，喜欢群居。它们视力很差，行动不灵活，因而捕食能力差，经常处于时饱时饿的状态，久而久之养成了动物界中罕见的耐饿能力。蝎子是肉食性动物，生命力非常顽强，对环境的适应能力也很强。蝎子的寿命长至 36 年，产仔期 25 年，如（图 5-21）。

十四、地老虎

地老虎是多食性害虫，可为害茄科、豆科、葫芦科、十字花科、百合科以及菠菜、莴苣、茴香等多种蔬菜。地老虎以幼虫为害，可将菜苗贴近地面的茎咬断，使整株枯死，造成缺苗断垄，严重的甚至毁种，如（图 5-22）。

图 5-22　地老虎　　　　　　　图 5-23　鼠妇

十五、鼠妇

鼠妇又称"潮虫"，属无脊椎动物节肢动物门，甲壳纲等足目（图 5-23）。鼠妇的种类较多，它们身体大多呈长瓜子形，长5 mm～15 mm，背腹扁平十分显著，呈灰褐色、灰蓝色；鼠妇又称"潮虫、西瓜虫、团子虫"，常能卷曲成团，为甲壳动物中唯一完全适应于陆地生活的动物，它们需生活在潮湿、温暖以及有遮蔽的场所，昼伏夜出，具负趋光性。杂食性，食枯叶、绿色植物、菌类孢子等。

十六、跳虫

跳虫是一种弹尾目的非昆虫六足动物，密集时形似烟灰，又称烟灰虫（图 5-24）。跳虫多发生在培养料上，常密集在菇床表面上或阴暗潮湿处，咬食元蘑子实体，造成小洞，并携带、传播杂菌。此虫繁殖很快。

跳虫终生无翅，仔虫酷似成虫，大多数种类分布于温带。它们之所以能跳，是靠腹部下力的弹器抵住所栖息的地面，再腾空跃起。

向前跳跃的距离可达身长的 15 倍，在其腹部第四或第五节的这对弹器不用时，可将之放在第三腹节下方。这类昆虫通常都是体躯柔软，腹部节数不超过六节，眼不发达，足的胫节，附节愈合成胫附节，尖端有爪，除非是有天敌接近或是受到侵扰，爪尖往往只是用来协助移动而已，在栽培作物上为害根、茎、叶或幼苗。

　　跳虫的幼虫到达成虫需要经 5 到 13 次蜕皮，不过在成虫期仍继续蜕皮直到死亡。跳虫在落叶和土壤链中很重要，在 1 平方米内可发现成千上万只跳虫。

图 5-24　跳虫

图 5-25　蜘蛛

十七、蜘蛛

　　节肢动物门蛛形纲蜘蛛目所有蜘蛛种的通称。除南极洲以外，全世界分布。从海平面分布到海拔 5000 米处，均为陆生（图 5-25）。

　　蜘蛛是陆地生态系统中最丰富的捕食性天敌，在维持农林生态系统稳定中的作用不容忽视。体长 1 mm ～ 90 mm，身体分头胸部（前体）和腹部（后体）两部分，头胸部覆以背甲和胸板。头胸部有两对附肢，第一对为螯肢，有螯牙、螯牙尖端有毒腺开口；直腭亚目的螯肢前后活动，钳腭亚目为侧向运动及相向运动；第二对为须肢，在雌蛛和未成熟的雄蛛呈步足状，用以夹持食物及作为感觉器官；但在雄性成蛛上须肢末节膨大，变为传送精子的交接器。

蜘蛛多以昆虫、其他蜘蛛、多足类为食，部分蜘蛛也会以小型动物为食。跳蛛视力佳，能在 30 cm 内潜近捕获猎物。蜘蛛有的有毒，都是食肉动物，它们吞食 80% 的昆虫，从而有效地控制了害虫的数量。如果没有蜘蛛，害虫将会泛滥成灾。所以，蜘蛛是对人有益的动物。

蜘蛛有许多特殊的本领，如下：

1. 化尸大法

蜘蛛猎食时先用毒牙麻痹对方，分泌口水溶解猎物，再慢慢吸食，一点儿不漏吃个干净。

2. 自制保鲜袋

蜘蛛怕光，经常对着透光和透风的地方结网。蜘蛛丝除了用来网罗猎物外，还可用来当保鲜袋，蜘蛛将吃剩的食物用网包好，留待下次食用。

3. 洁癖

蜘蛛将吃、睡和拉的场所分得很清楚，家养的蜘蛛一般把笼边当垃圾站，在那里大小便及扔食物残渣。

4. 胃口极秀气

蜘蛛领域感很强，它们一个月只吃一到两餐，最长可以绝食两个月。

5. 神奇的蛛丝

蜘蛛丝可望用于制造高强度材料，俄罗斯科学院基因生物学研究所专家正在积极研究利用蜘蛛丝来制造高强度材料。蜘蛛腹部后方有一簇纺器，内通体内的丝腺。该腺体分泌的蛋白质黏液能够在空气中凝结成极牢固的蛛丝。据俄《莫斯科共青团员报》报道，俄科学院基因生物学研究所专家在对由蛛丝编结成的、具有一定厚度的材料进行实验时发现，这种材料硬度比同样厚度的钢材高 9 倍，弹性比最具弹力的其他合成材料高 2 倍。专家认为，对上述蛛丝材料进一步加工后，可用其制造轻型防弹背心、降落伞、武器装备防护材料、车轮外胎、整形手术用具和高强度渔网等产品。

第七节   土壤动物的作用与生态功能

一、植物和动物残体的粉碎与分解

大量的植物残体，包括落叶、落枝、落花和落果等从植物上落到地面上，以及埋在土壤中的枯根等，很快就受到土壤中动物的粉碎作用和微生物的分解作用而崩溃。然而，在不同场所、气候和土壤等条件，以及植物残体的形状与种类不同时，土壤动物粉碎残体的顺序和速度也很不同。如在温带，蚯蚓、跳虫和螨虫等起作用；在亚热带，除蚯蚓以外的等足类起重要作用；到了热带，白蚁和蚂蚁代替了蚯蚓。

动物的残体和粪便也是由土壤动物来分解。如鸟、兽、爬行类和两栖类的尸体常吸引众多土壤动物聚集起来，以惊人的速度把尸体取食殆尽。聚集到兽类粪便上的昆虫，称为"粪虫"。

粉碎、分解枯枝落叶的各类动物，也因它们所粉碎和分解枯枝的植物新鲜程度而有所不同。如马陆等足类和蚰蜒类粉碎极新鲜的落叶，而蚂蚁、白蚁和小蠹等粉碎新鲜的落枝，然后由其他动物如跳虫和螨虫等作进一步分解。当动物残体变为更柔软的状态时，线蚓开始分解。

二、土壤的疏松与混合

自然界土壤的疏松与混合历来都是由土壤动物来承担，主要是由蚯蚓、蚂蚁、白蚁和哺乳动物等较大型的、有较强大挖掘能力的动物来进行。

例如蚯蚓对土壤的疏松，据调查，通过其消化道而排出的泥土每年每公顷为数吨至 30 吨。除了疏松土壤以外，蚯蚓还有把深层土壤搬运到地表形成粪冢，同时又把地面上的落叶或其他有机物拖到空穴中取食的特性，并且在此过程中，随时吞入泥土，在消化道内将有机物与无机物混合起来。在蚯蚓多的土壤中一年搬到地面的土壤层约为 0.5 毫米～ 6.0 毫米厚，通常为 0.76 毫米厚，每公顷可达 75 吨，数量可观。

除了蚯蚓外，白蚁和食虫类、啮齿类等小型哺乳动物也具有疏松土壤和混合掘拌土壤的作用。

三、土壤物理化学性质的变化

土壤无脊椎动物维护对土壤生态系统的物理化学特性和生物的

种群繁衍起着极为重要的作用。在物理性质方面包括土壤质的变化、团粒构造的发展及通气性、透水性、孔隙数量、含水量等的变化。化学性质方面包括土壤 pH 值、碳含量、有机质含量、氮含量、碳 / 氮比例以及钠、钙、锰、钾等含量的变化。营养物质的循环是调节土壤肥力的最基本过程之一，就是把植物体中来自土壤中可被利用的营养物质，经过腐败、分解又被释放出来，即是通过细菌、真菌和土壤动物的作用，使营养物质循环。土壤中氮的快速循环主要由蚯蚓、跳虫或多足动物等的作用完成。另外，白蚁和共生的微生物，二者共同的作用下分解纤维素和木质素，直接参与碳的循环；同时还能通过肠内共生菌来固定大气中的氮，或把尿酸转化为 NH_3 等等。当然，在土壤群落中动物与植物、动物与微生物以及动物与动物之间存在着极为复杂的关系，它们之间的作用机理和随机变异等等阐明以后，将会更加有利于保持土壤生态系统的平衡，使土壤中的营养物质循环得以稳定发展。

四、监测环境污染的指示生物

自然界越来越严重地受到多方面的干扰和破坏。土壤动物栖息在各种土壤之中，它们能够反映环境的细微变化。通过调查和比较，在不同地点不论群落是独特的，还是常见的，加以综合判断和计算出的群落的独特指数，即可作为环境污染和土壤变化的指标。

五、土壤退化的治理

土壤动物能够对退化了的土壤起恢复作用，其中尤以蚯蚓的作用较为明显。

六、其他方面的利用

有些土壤动物可作为食品，如蚂蚁、蜗牛、蜂、蚯蚓等；还有些可以入药，如蝎、蜈蚣、蚂蚁等，有的还可作为害虫的天敌或家禽家畜的饲料，等等。

第六章

土壤污染与修复

第一节　概述

据联合国 2015 年发布的《世界土壤资源状况》指出，土壤面临严重威胁。例如，侵蚀每年导致 250 亿吨～ 400 亿吨表土流失，导致作物产量、土壤的碳储存和碳循环能力、养分和水分明显减少。侵蚀造成谷物年产量损失约 760 万吨，如果不采取行动减少侵蚀，预计到 2050 年谷物总损失量将超过 2.53 亿吨，相当于减少了 150 万平方公里的作物生产面积或印度的几乎全部耕地。再如，土壤中盐分的积累导致作物减产，甚至颗粒无收，人为因素引起的盐渍化影响了全球大约 76 万平方公里的土地，等等。

我国土壤面临的现状尤其严重。长三角地区，至少 10% 的土壤基本丧失生产力。据调查，南京郊区有 30% 的土地遭受到污染，浙江省 17.97% 的土壤受到不同程度的污染，普遍存在镉、汞、铅、砷等重金属污染。华南地区，部分城市有 50% 的耕地遭受镉、砷、汞等有毒重金属，和石油类有机物污染，有近 40% 的农田菜地土壤重金属污染超标。其中 10% 属严重超标。华南地区主要存在铜、砷、锌、镍、铅、镉、汞等重金属污染。东北地区存在着严重的铅、汞、镉、砷、镉污染，主要分布在黑龙江、吉林、辽宁的污水灌区、旧工业区及城市郊区。西部地区主要污染物是重金属汞、镉、砷、铜、铅、铬、锌、镍等。其中云南，四川，甘肃白银市、内蒙古河套地区污染较严重。云南地区单个元素超标率在 30% 以上的达到 37 个县，而在河套地区共有近 30 万人受砷中毒威胁。而且我国目前是全球最大的农药生产国、使用国和出口国！现有农药生产企业 2600 多家，目前等级的农药产品有 27000 多个，年产量 190 万吨，居世界第一，且其中化学药的比重超高，而农药利用率只有 30%，比发达国家低 10% ～ 20%。我国农药经营单位 60 万余个，大部分经营网点分布在乡村市场，以个体私有企业为主，规模较小，人员素质普遍较低，缺乏对用户良好的指导，缺乏对农药使用的有效控制和管理。我国单位面积化学农药的平均使用量比世界平均用量高 2.5 倍～ 5 倍，每年遭受残留农药污染的作物面积达 12 亿亩。

一、土壤污染的定义

土壤污染的概念因其关注的对象或范围不同而有不同的定义。通俗地讲凡是妨碍土壤正常功能，降低作物产量和质量，还通过粮食、蔬菜、水果等间接影响人体健康的物质，都叫作土壤污染物。而这些人为活动产生的污染物进入土壤并积累到一定程度，引起土壤质量恶化，并进而造成农作物中某些指标超过国家标准的现象，称为土壤污染。全国科学技术名词审定委员会给出的定义为：土壤污染是指对人类及动、植物有害的化学物质经人类活动进入土壤，其积累数量和速度超过土壤净化速度的现象。《中国农业百科全书·土壤卷》给出的定义为：土壤污染是指人为活动将对人类本身和其他生命体有害的物质施加到土壤中，致使某种有害成分的含量明显高于土壤原有含量，而引起土壤环境质量恶化的现象。

二、土壤污染类型

（一）按污染物来源划分

进入土壤污染物的主要来自工业"三废"和肥料、农药等，归纳起来主要有以下几方面。

1. 污水灌溉污染

污水灌溉是指利用城市污水或工业废水灌溉农田或是水质污染随着灌溉而进入土壤。目前，我国的污水灌溉区已发展到30多个，污灌面积约73万公顷，污水年排放量为300多亿立方米，多数污水未经处理，含有多种重金属离子，超出土壤灌溉水质标准。污水包括大量的工业废水，携带许多有毒的工业废物，污灌会使有毒物质在土壤中积聚，造成污染。生活污水中常带有病原菌和寄生虫卵，也会污染农田和水源。这些污染物被农作物吸收、积累，从而进入人畜食物链，影响人类的健康。污灌的主要污染物包括重金属物；有机化合物氰、酚、多环芳烃、烷基苯、磺酸盐、苯并芘等都是有害的有机化合物，其中很多是三致物质。

2. 施肥污染

施肥污染主要指施用化学肥料、污泥、矿渣、粉煤灰等引起的污染。施肥对于改土培肥和提高农产品产量、改进品质方面具有重大作用。但是，不合理的施肥也会造成污染。大量施用化学氮肥会在土壤中累积硝态氮，经水的淋洗进入水体，引起水体富营养化和硝酸盐积累，污染环境。同时，农产品中累积过多的硝酸盐，对人体健康有害。在工业磷肥生产中，由于矿源不纯，带来的镉、砷、硼、氟等物质往往存在于磷肥产品中，长期大量施用磷肥，则可造成上述有害元素的积累。利用废酸生产的磷肥中带有三氯乙醛还会直接毒害植物。污泥、矿渣、粉煤灰等虽含有大量营养物质，同时含有多种有害物质，也是土壤污染源之一。

3. 使用农药污染

我国过去长期大量使用有机氯和有机磷农药，在土壤中残留时间长、危害大，污染比较严重。1983 年国务院下令停止生产六六六和 DDT，持续了 30 余年的主要农药污染源将被消除。但目前有机磷农药和替代有机氯的农药仍在使用，既污染土壤又污染农产品。据统计，目前全国受农药污染的土壤面积仍然较大。

4. 工业废气污染

工业废气和粉尘、烟尘、金属飘尘等首先污染大气，然后降落到地面而污染土壤。最常见的是含二氧化硫或氟化氢的废气，它们分别以硫酸和氢氟酸形式随降水进入土壤。据检测，以二氧化硫污染所形成的酸雨在我国检出率达 50% 以上，个别地区近 100%。这对农作物、土壤微生物种群和土壤理化性质都将产生不良影响。另外，土壤中易溶性氟含量的增高，还有害于人畜健康。粉尘和烟尘的成分比较复杂，它们可直接危害植物的生长。金属飘尘中含有重金属元素，也是土壤重金属污染的一条重要途径。据估计，我国工业和家庭烧煤所产生的烟尘年排放量约为 1400 万吨，国家卫生质量标准规定每月的降尘量为 6 t/km^2 ～ 8 t/km^2，工业排放标准每月为 18t/km^2，但几乎所有城市都超过了以上标准，一般都在 30 t/km^2 ～ 40 t/km^2，有的高达数百吨至上千吨。

5．工业废渣和城市垃圾污染

据不完全统计，全国 75 个城市历年积累的工业废渣和尾矿达 715.7 亿吨，1980 年统计 28 个省市工业废渣共 4.8 亿吨。这些废渣不仅占用了大片土地，而且造成更多的土壤污染。城市垃圾的主要成分为有机垃圾、砖瓦、碎玻璃、废纸、布块、塑料、纤维、金属、橡胶、煤灰渣以及工厂的各种废渣等，长期施用导致土壤耕性困难，保水保肥能力下降。另外，这些废渣和垃圾中常含有一些重金属元素或有毒的有机化合物、酸、碱、盐类以及其他有害微生物、病菌等，这些物质进入土壤后同样会造成不同程度的污染。近几年，我国塑料地膜地面覆盖栽培技术发展迅速，部分地膜弃于田间，造成土壤的白色污染。

（二）按污染物性质划分

1．有机污染物

农药是主要有机污染物，目前大量使用的农药种类繁多，主要分为有机氯和有机磷两大类，如：DDT、六六六、狄氏剂（有机氯类）和马拉硫磷、对硫磷、敌敌畏（有机磷类）。这些直接进入土壤的农药，大部分被植物吸附；此外还有石油、化工、制药、油漆、染料等工业排出的三废中的石油、多环芳烃、多氯联苯、酚等，也是常见的有机污染物。有些有机污染物能在土壤中长期残留，并在生物体内富集，其危害非常严重。农药一旦进入土壤生态系统，残留不可避免。

尽管残留的时间有长有短，数量有大有小，但有残留并不等于有残毒。只有当土壤中的农药残留积累到一定程度，与土壤的自净效应产生脱节、失调、危及农业环境生物，包括靶标生物与非靶标环境生物的安全，间接危害人畜健康，才称其有危害。世界各国都存在着程度不同的农药残留问题，农药残留会导致以下几方面危害。①影响健康。食用含有大量高毒、剧毒农药残留引起的食物会导致人、畜急性中毒事故。长期食用农药残留超标的农副产品，虽然不会导致急性中毒，但可能引起人和动物的慢性中毒，导致疾病的发生，甚至影响到下一代。②影响农业。由于不合理使用农药，特别是除草剂，导致药害事故频繁，经常引起大面积减产甚至绝产，严重影响了农业生产。土壤中残留的长效除草剂是其中的一个重要原因。③影响贸易。世界各国，特别是发达国家对农药残留问题高度重视，对各种农副产品中农药残留都规定了越来越严格的限量标准。许多国家以农药残留限量为技术壁垒，限制农副产品进口，保护农业生产。2000 年，欧共体将氰戊菊酯在茶叶中的残留限量从 10 mg/kg 降低到 0.1 mg/kg，使中国茶叶出口面临严峻的挑战。

2．无机污染物

无机污染物主要来自进入土壤中的工业废水和固体废物。硝酸盐、硫酸盐氯化物、可溶性碳酸盐等是常见的且大量存在的无机污染物。这些无机污染物会使土壤板结，改变土壤结构，土壤盐渍化和影响水质等。

3．重金属污染物

汞、镉、铅、砷、铬、锌等重金属会引起土壤污染。这些重金属污染物主要来自冶炼厂、矿山、化工厂等工业废水渗入和汽车废气沉降。公路两侧易会被铅污染，砷被大量用作杀虫剂和除草剂，磷肥中含有镉。土壤一旦被重金属污染，是较难彻底清除的，对人类危害严重。

（1）主要的重金属污染

土壤重金属污染物主要有汞、镉、铅、铬、砷、铜、镍、铁、锰、锌等，砷虽不属于重金属，但因其行为与来源以及危害都与重金属相似，故列入重金属类进行讨论。就对植物的需要而言，可分为两类：一类是植物生长发育不需要的元素，而对人体健康危害比较明显，如汞、镉、铅等；另一类是植物正常生长发育所需元素，且对人体又有一定生理功能，如铜、锌等，但过多会形成污染，妨碍植物生长发育。

①汞

土壤的汞污染主要来自于污染灌溉、燃煤、汞冶炼厂和汞制剂厂（仪表、电气、氯碱工业）的排放。含汞颜料的应用、用汞做原料的工厂、含汞农药的施用等也是重要的汞污染源。

土壤中汞的存在形态有无机态与有机态，并在一定的条件下互相转化。无机汞有 $HgSO_4$、$Hg(OH)_2$、$HgCl_2$、HgO，它们因溶解度低，在土壤中迁移转化能力很弱，但在土壤微生物作用下，汞可向甲基化方向转化。在好氧条件下主要形成脂溶性的甲基汞，可被微生物吸收、积累，而转入食物链造成对人体的危害；在厌氧条件下，主要形成二甲基汞，在微酸性环境下，二甲基汞可转化为甲基汞。

汞对植物的危害因作物的种类和生育期而异。汞在一定浓度下使作物减产，在较高浓度下甚至使作物死亡。

②镉

镉主要来源于镉矿、镉冶炼厂，常与锌共生，冶炼锌的排放物中必有 ZnO 和 CdO，挥发性强，以污染源为中心可波及数千米远。镉工业废水灌溉农田是镉污染的重要来源。土壤中镉的存在形态也很多，大致可分为水溶性镉和非水溶性镉两大类。

镉对农业最大的威胁是产生"镉米""镉菜"，进入人体后使人患骨痛病。另外，镉会损伤肾小管，出现糖尿病，还有镉引起血压升高，出现心血管病，甚至还有致癌、致畸的报道。

③铅

铅是土壤污染较普遍的元素。污染源主要来自汽油里添加抗爆剂烷基铅，随汽油燃烧后的尾气而积存于公路两侧百米范围内的土壤中，另外，铅字印刷厂、铅冶炼厂、铅采矿场等也是重要的污染源，随着我国乡镇企业的发展，"三废"中的铅已大量进入农田。进入土壤中的铅在土壤中易与有机物结合，极不易溶解，土壤铅大多发现在表土层，表土铅在土壤中几乎不向下移动。

铅对植物的危害表现为叶绿素下降，阻碍植物的呼吸及光合作用。谷类作物吸铅量较大，但多数集中在根部，茎秆次之，籽实中较少。因此铅污染的土壤所生产的禾谷类茎秆不宜作饲料。

铅对动物的危害则是累积中毒。人体中铅能与多种酶结合从而干扰有机体多方面的生理活动，导致对全身器官产生危害。

④铬

污染源主要是电镀、制革废水、铬渣等。铬在土壤中主要有两种价态：Cr^{6+} 和 Cr^{3+}。两种价态的行为极为不同，前者活性低而毒性高，后者恰恰相反。Cr^{3+} 主要存在于土壤与沉积物中，Cr^{6+} 主要存在于水中，但易被 Fe^{2+} 和有机物等还原。植物吸收铬约 95％ 留在根部。据研究，低浓度的 Cr^{6+} 能提高植物体内酶活性与葡萄糖含量，高浓度时则阻碍水分和营养向上部输送，并破坏代谢作用。铬对人体与动物也是有利有弊。人体中含铬过低会产生食欲减退症状，但饮水中超标 400 倍时，会发生口角糜烂、腹泻、消化紊乱等症状。

⑤砷

土壤砷污染主要来自大气降尘与含砷农药。燃煤是大气中砷的主要污染源。土壤中砷大部分为胶体吸收或和有机物络合－螯合或和磷一样与土壤中铁、铝、钙离子相结合，形成难溶化合物，或与铁、铝等氢氧化物发生共沉淀。pH 值和 Eh 值影响土壤对砷的吸附。pH 值高土壤砷吸附量减少而水溶性砷增加；土壤的氧化条件下，大部是砷酸，砷酸易被胶体吸附，而增加土壤固砷量。随 Eh 降低，砷酸转化为亚砷酸，可促进砷的可溶性，增加砷害。

砷对植物危害的最初症状是叶片卷曲枯萎，进一步是根系发育受阻，最后是植物根、茎、叶全部枯死。砷对人体危害很大，它能使红细胞溶解，破坏正常生理功能，甚至致癌等。

（2）我国重金属污染的现状

我国 10 个省（市）城郊、污水灌溉区、工矿等经济发展较快地区的 320 个重点污染区中，污染超标的大田农作物种植面积为 60.6 公顷，占监测调查总面积的 20％；其中重金属含量超标的农产品产量与面积约占污染物超标农产品总量与总面积的 80％ 以上，尤其是铅、镉、汞、铜及其复合污染最为突出。目前我国重金属污染的耕地面积近 2000 万亩，约占总耕地面积的五分之一！

4．固体废物

固体废物主要指城市垃圾和矿渣、煤渣、煤矿石和粉煤灰等工业废渣。固体废物的堆放占用大量土地而且废物中含有大量的污染物，污染土壤恶化环境，尤其城市垃圾中的废塑料包装物已成为严重的"白色污染"物。

未经处理的城市垃圾，特别是人畜粪便和医疗单位的废弃物中含有大量的病原体，施到土壤后能存活相当长的时间。城市垃圾处置不当，也容易引起大气和水源的污染。

5．病原微生物

土壤微生物污染是指病原体和带病的有害生物种群从外界侵入土壤，破坏土壤生态系统的平衡，引起土壤质量下降的现象。有害生物种群来源是用未经处理的人畜粪便施肥、生活污水、垃圾、医院含有病原体的污水和工业废水（作农田灌溉或作为底泥施肥），以及病畜尸体处理不当等。通过上述主要途径把含有大量传染性细菌、病毒、虫卵带入土壤，引起植物体各种细菌性病原体病害，进而引起人体患有各种细菌性和病毒性的疾病，威胁人类生存。

土壤致病微生物虽然数量和种类不多，但是它们对人类的健康的危害很大，所以往往是土壤生物污染关注的焦点。这类生物污染物包括细菌、真菌、病毒、螺旋体、寄生虫等，其中致病细菌和病毒带来的危害较大。致病细菌包括来自粪便、城市生活污水和医院污水的沙门氏菌属、志贺氏菌属、芽孢杆菌属、拟杆菌属、梭菌属、假单胞杆菌属、丝杆菌属、链球菌属、分枝杆菌属细菌，以及随患病动物的排泄物、分泌物或其尸体进入土壤而传播的炭疽、破伤风、恶性水肿、丹毒等疾病的病原菌。土壤中的致病真菌主要有皮肤癣菌（包括毛癣菌属、小孢子菌属和表皮癣菌属）及球孢子菌。土壤致病病毒主要有传染性肝炎病毒、脊髓灰质炎病毒、人肠道致细胞病变孤儿病毒和柯萨奇病毒等。寄生虫的种类很多，其中土壤中的寄生虫主要包括原虫和蠕虫。寄生原虫是单细胞真核生物，包括鞭毛虫、阿米巴、纤毛虫和孢子虫。寄生蠕虫是动物界中的环节动物门、扁形动物门、线形动物门和棘头动物门所属的各种自由生活和寄生生活的动物，习惯上统称为蠕虫，它包括吸虫、绦虫、线虫和棘头虫。土壤中常见的蛔虫、钩虫属于线虫。

6. 放射性污染物

放射性污染物主要有两个方面，一是核试验，二是原子能工业中所排出的三废。由于自然沉降、雨水冲刷和废弃物堆积而污染土壤。土壤受到放射性污染是难以排除的，只能靠自然衰变达到稳定元素时才结束。这些放射性污染物会通过食物链进入人体、危害健康。放射性污染物中常见的放射性元素有镭、铀、钴、钋、氕、氩、氮、氚、碘、锶、钜、铯等。

三、污染物的去向

进入土壤的污染物，主要有固定、挥发、降解、流散和淋溶等不同去向。重金属离子，主要是能使土壤无机和有机胶体发生稳定吸附的离子，包括与氧化物专性吸附和与胡敏素紧密结合的离子，以及土壤溶液化学平衡中产生的难溶性金属氢氧化物、碳酸盐和硫化物等，将大部分固定在土壤中而难以排除；虽然一些化学反应能缓和其毒害作用，但仍是对土壤环境的潜在威胁。化学农药主要是通过气态挥发、化学降解、光化学降解和生物降解而最终从土壤中消失，其挥发作用的强弱主要取决于自身的溶解度和蒸气压，以及土壤的温度、湿度和结构状况。例如，大部分除草剂均能发生光化学降解，一部分农药（有机磷等）能在土壤中产生化学降解；使用的农药多为有机化合物，故也可产生生物降解。即土壤微生物在以农药中的碳素作能源的同时，就已破坏了农药的化学结构，导致脱烃、水解和芳环烃基化等化学反应的发生而使农药降解。

四、土壤污染的危害

随着现代工业化和城市化的不断发展，环境中有毒有害物质日趋增多，环境污染日益严重。当外界环境进入土壤中的各种污染物质，其含量超过土壤本身的净化能力，使土壤微生物和植物生长受到危害时，称其为土壤遭受污染。土壤是人类和动植物赖以生存的自然环境，污染物质通过土壤－植物－动物－人体系统的食物链，使人类和动植物遭受危害。土壤污染的危害主要表现如下：

1. 土壤（土地）生产力下降

土壤被污染后有毒有害物质增多，引起土壤酸碱度显著变化，造成土壤结构破坏，土壤养分元素失去平衡，阻碍或抑制土壤微生物和植物的生命活动，影响土壤营养物质和能量的转化，从而使生物生产量受到影响，严重者会使土壤丧失生产力。

2．环境污染加剧

土壤污染是环境污染的一种。土壤污染会对其他环境因素产生影响。例如土壤表层的污染物随风飘起被搬到周围地区，扩大污染面。土壤中一些水溶性污染物受到土壤淋洗作用而进入地下水，造成地下水污染；另一些悬浮物及其所吸附的污染物，也可随地表径流迁移，造成地表水体的污染等。

3．食品质量受到威胁

污染物通过以土壤为起点的土壤－植物－动物－人类的食物链，使有害物质逐渐富集，从而降低食物链中农副产品的生物学质量，造成残毒，直接或间接地危害人类的生命和健康。如镉污染全国涉及11个省市，北起黑龙江、辽宁，南至广东、广西，面积约1万公顷，并以产生"镉米"（镉含量最高的稻米）。汞污染有21个地区，面积约3.2万公顷，最严重的有贵州省清镇地区、铜仁汞矿区以及第二松花江流域，所产稻米中汞含量高达0.382 mg/kg，大大超过食品标准（0.02 mg/kg）。

第二节　土壤污染与自净

一、土壤自净的概念

土壤污染可以简单地概括为土壤中污染物的累积量超过土壤背景值的过程。土壤环境背景值是指在不受或很少受人类活动影响和不受或很少受现代工业污染与破坏的情况下，土壤原来固定有的化学组成和结构特征。土壤是一个半稳定状态的复杂物质体系，对外界环境条件的变化和外来的物质有很大的缓冲能力。在自然因素作用下，通过土壤自身的作用，使污染物在土壤环境中的数量、浓度或形态发生变化，活性、毒性降低的过程称土壤自净。土壤借助于土壤自净的功能维持土壤的生态平衡。从广义上说，土壤的自净作用是指污染物进入土壤后经生物和化学降解变为无毒害物质，或通过化学沉淀、络合和螯合作用、氧化还原作用变为不溶性化合物，或为土壤胶体牢固地吸附，植物难以利用而暂时退出生物小循环，脱离食物链或排出土壤。狭义的土壤自净能力则主要是指微生物对有机污染物的降解作用，以及使污染化合物转变为难溶性化合物的作用。但是，土壤在自然净化过程中，随着时间的推移，土壤本身也会遭到严重污染。因为土壤污染及其去污，决定于污染物进入量与土壤天然净化能力之间的消长关系，当污染物的数量和污染速度超过了土壤的净化能力时，破坏了土壤本身的自然动态平衡，使污染物的积累过程逐渐占优势，从而导致土壤正常功能失调，土壤质量下降。在通常情况下，土壤的净化能力决定于土壤物质组成及其特性，也和污染物的种类和性质有关。不同土壤对污染物质的负荷量（或容量）不同，同一土壤对不同污染物的净化能力也是不同的。应当指出，土壤的净化速度是比较缓慢的，净化能力也是有限的，特别是对于某些人工合成的有机农药、化学合成的某些产品以及一些重金属，土壤是难以使之净化的。因此，必须充分合理地利用和保护土壤的自净作用。

　　土壤自净能力的大小取决于土壤环境容量。土壤环境容量是指土壤生态系统中某一特定的环境单元内，土壤所允许容纳污染物质的最大数量。也就是说在此土壤时空内，土壤中容纳的某污染物质不致阻滞植物的正常生长发育，不引起植物可食部分中某污染物积累到危害人体健康的程度，同时又能最大限度地发挥土壤的净化功能。土壤环境标准值大，土壤环境容量也大；反之容量则小。土壤环境标准的制定，一般根据田间采样测定统计和盆栽试验，求出土壤中不同污染物使某一作物体内残毒达到食品卫生标准或使作物生育受阻时的浓度，以此作为土壤环境标准。根据土壤环境容量与实际含量相比较，可以深刻反映区域内的污染状况和环境质量水平，从总量控制上提出环境治理和管理的具体措施。

二、土壤自净的方式

1. 物理净化

物理净化是通过物理过程将污染物在土壤中的分散、稀释和转移的过程，其缺点是只能使污染物在土壤中的浓度降低，而不能从整个自然环境中消除。如果污染物大量迁移入地表水或地下水层，将造成水源的污染。难溶性固体污染物在土壤中被机械阻留，是污染物在土壤中的累积过程，产生潜在的威胁。污染物离子还可以被其他相对交换能力更大的，或浓度较大的离子交换下来，重新转移到土壤溶液中去，又恢复原来的毒性、活性。因此，可以说，物理净化的方式是暂时性的、不稳定的。

2. 化学净化

化学净化是通过一系列化学反应，或者使污染物转化成难溶性、难解离性物质，使危害程度和毒性降低；或者分解为无毒物或营养物质，这些净化作用统称为化学净化作用。化学净化的反应类型多，包括酸碱反应、络合反应、水解反应、光解反应等。这些反应产生的稳定产物往往难以分解。

3. 生物化学净化

生物化学净化是指有机污染物在微生物及其酶作用下，通过生物降解，被分解为简单的无机物而消散的过程。这是最重要的土壤自净功能过程。从净化机理来看，生物化学净化是真正的净化。不同化学结构的物质，在土壤中的降解过程不同。污染物在土壤中的半衰期长短差别很大，其中有的降解中间产物的毒性可能比母体更大。

第三节 土壤污染的防治与修复

根据我国制定的"全面规划、合理布局、综合利用、化害为利、依靠群众、大家动手、保护环境、造福人民"的方针，贯彻"预防为主的原则"，彻底清除污染源。对已经污染的土壤，必须采取一切有效的措施加以改良，从而提高土壤的环境质量，促进人类与动植物的健康成长。

一、土壤污染的预防措施

1. 依法预防

制定和贯彻防止土壤污染的有关法律法规，是防止土壤污染的根本措施。严格执行国家有关污染物排放标准，如农药安全使用标准、工业三废排放标准、农用灌溉水质标准、生活饮用水质标准等。

2．建立土壤污染监测、预报与评价系统

在研究土壤背景值的基础上，应加强土壤环境质量的调查、监测与预控。在有代表性的地区定期采样或定点安置自动监测仪器，进行土壤环境质量的测定，以观察污染状况的动态变化规律。以区域土壤背景值为评价标准，分析判断土壤污染程度，及时制定出预防土壤污染的有效措施。当前的主要工作是继续进行区域土壤背景值的研究，调查区域土壤污染状况和污染程度，对土壤环境质量进行评价和分级，确定区域污染物质的排放量、允许的种类、数量和浓度。

3．发展清洁生产，彻底消除污染源。

（1）控制"三废"的排放：在工业方面，应认真研究和大力推广闭路循环，无毒工艺。生产中必须排放的"三废"，应在工厂内进行回收处理，开展综合利用，变废为宝，化害为利。对于目前还不能综合利用的"三废"，务必进行净化处理，使之达到国家规定的排放标准。对于重金属污染物，原则上不准排放。对于城市垃圾，一定要经过严格机械分选和高温堆腐后方可施用。

（2）加强污灌管理：建立污水处理设施，污水必须经过处理后才能进行灌溉，要严格按照国家规定的"农田灌溉水质标准"执行。污水处理的方法包括：通过筛选、沉淀、污泥消化等，除去废水中的全部悬浮沉淀固体的机械处理；将初级处理过的水用活性污泥法或生物曝气滤池等方法降低废水中可溶性有机物质，并进一步减少悬浮固体物质的二级处理，又称生化曝气处理；以及化学处理。通过这些过程处理后的水还可通过生物吸收（如水花生、水葫芦等）进一步净化水质。灌溉前进一步检测水质，加强监测，防止超标，以免污染土壤。

（3）控制化肥农药的使用：为防止化学氮肥和磷肥的污染，应因土、因植物施肥，研究确定出适宜用量和最佳施用方法，以减少在土壤中的累积量，防止流入地下水体和江河、湖泊进一步污染环境。为防止化学农药污染，应尽快研究筛选高效、低毒、安全、无公害的农药，以取代剧毒有害化学农药。积极推广应用生物防治措施，大力发展生物高效农药。同时，应研究残留农药的微生物降解菌剂，使农药残留降至国标以下。

（4）植树造林，保护生态环境：土壤污染是以大气污染和水质污染为媒介的二次污染为主。森林是个天然的吸尘器，对于污染大气的各种粉尘和飘尘都能被森林阻挡、过滤和吸附，从而净化空气，避免了由大气污染而引起的土壤污染。此外，森林在涵养水源，调节气候，防止水土流失以及保护土壤自净能力等方面也发挥着重要作用。所以，提高森林覆盖率，维护森林生态系统的平衡是关系到保护土壤质量的大问题，应当给予足够的重视。

二、污染土壤的综合治理措施

对于被污染的土壤或进入土壤的污染物，可采用以下措施进行综合治理：

1. 生物修复

生物修复是利用土壤生物将土壤中的有毒物质分解或转化，土壤污染物质可以通过生物降解或植物吸收而被净化。蚯蚓被人们誉为"生态学的大力士"和"环境净化器"等，是一种能提高土壤自净能力的环境动物，利用它还能处理城市垃圾和工业废弃物以及农药、重金属等有害物质。微生物降解菌剂也是常用的生物分解物，可以用来减少农药残留量。种植一些非食用的吸收重金属能力强的植物，如羊齿类铁角蕨属植物对土壤重金属有较强的吸收聚集能力，对镉的吸收率可达到 10%，连续种植多年则能有效降低土壤含镉量。也可以利用植物吸收去除污染：严重污染的土壤可改种某些非食用的植物如花卉、林木、纤维作物等。

2. 改变轮作制度

改变轮作制度会引起土壤环境条件的变化，可消除某些污染物的毒害。据研究，实行水旱轮作是减轻和消除农药污染的有效措施。如 DDT、六六六农药在棉田中的降解速度很慢，残留量大，而棉田改水后，可大大加速 DDT 和六六六的降解。

3. 增施有机肥料

增施有机肥料可增加土壤有机质和养分含量，既能改善土壤理化性质特别是土壤胶体性质，又能增大土壤环境容量，提高土壤净化能力。受到重金属和农药污染的土壤，增施有机肥料可增加土壤胶体对其的吸附能力，同时土壤腐殖质可络合污染物质，显著提高土壤钝化污染物的能力，从而减弱其对植物的毒害。

4. 换土和翻土

对于轻度污染的土壤，采取深翻土或换无污染的客土的方法。对于污染严重的土壤，可采取铲除表土或换客土的方法。这些方法的优点是改良较彻底，适用于小面积改良。但对于大面积污染土壤的改良，非常费事，难以推行。

5．施用化学物质

对于重金属轻度污染的土壤，使用化学改良剂可使重金属转为难溶性物质，减少植物对它们的吸收。酸性土壤施用石灰，可提高土壤 pH 值，使镉、锌、铜、汞等形成氢氧化物沉淀，从而降低它们在土壤中的浓度，减少对植物的危害。对于硝态氮积累过多并已流入地下水体的土壤，一则大幅度减少氮肥施用量，二则施用配施脲酶抑制剂、硝化抑制剂等化学抑制剂，以控制硝酸盐和亚硝酸盐的大量累积。

6．调控土壤氧化还原条件

调节土壤氧化还原状况在很大程度上影响重金属变价元素在土壤中的行为，能使某些重金属污染物转化为难溶态沉淀物，控制其迁移和转化，从而降低污染物危害程度。调节土壤氧化还原电位即 Eh 值，主要通过调节土壤水、气比例来实现。在生产实践中往往通过土壤水分管理和耕作措施来实施，如水田淹灌，Eh 值可降至 160 mV 时，许多重金属都可生成难溶性的硫化物而降低其毒性。

7．实施针对性措施

对于重金属污染土壤的治理，主要通过生物修复、使用石灰、增施有机肥、灌水调节土壤 Eh 值、换客土等措施，降低或消除污染。对于有机污染物的防治，通过增施有机肥料、使用微生物降解菌剂、调控土壤 pH 值和 Eh 值等措施，加速污染物的降解，从而消除污染。

第四节　全国土壤污染状况调查公报

根据国务院决定，2005 年 4 月至 2013 年 12 月，我国开展了首次全国土壤污染状况调查。调查范围为中华人民共和国境内（未含香港特别行政区、澳门特别行政区和台湾地区）的陆地国土，调查点位覆盖全部耕地，部分林地、草地、未利用地和建设用地，实际调查面积约 630 万平方公里。调查采用统一的方法、标准，基本掌握了全国土壤环境质量的总体状况。

全国土壤环境状况总体不容乐观，部分地区土壤污染较重，耕地土壤环境质量堪忧，工矿业废弃地土壤环境问题突出。工矿业、农业等人为活动以及土壤环境背景值高是造成土壤污染或超标的主要原因。

全国土壤总的超标率为 16.1%，其中轻微、轻度、中度和重度污染点位比例分别为 11.2%、2.3%、1.5% 和 1.1%。污染类型以无机型为主，有机型次之，复合型污染比重较小，无机污染物超标点位数占全部超标点位的 82.8%。

从污染分布情况看，南方土壤污染重于北方；长江三角洲、珠江三角洲、东北老工业基地等部分区域土壤污染问题较为突出，西南、中南地区土壤重金属超标范围较大；镉、汞、砷、铅 4 种无机污染物含量分布呈现从西北到东南、从东北到西南方向逐渐升高的态势。

一、污染物超标情况

（一）无机污染物

镉、汞、砷、铜、铅、铬、锌、镍 8 种无机污染物点位超标率分别为 7.0%、1.6%、2.7%、2.1%、1.5%、1.1%、0.9%、4.8%，详见（表 6-1）。

表 6-1　无机污染物超标情况

污染物类型	点位超标率（%）	不同程度污染点位比例（%）			
		轻微	轻度	中度	重度
镉	7.0	5.2	0.8	0.5	0.5
汞	1.6	1.2	0.2	0.1	0.1
砷	2.7	2.0	0.4	0.2	0.1
铜	2.1	1.6	0.3	0.15	0.05
铅	1.5	1.1	0.2	0.1	0.1
铬	1.1	0.9	0.15	0.04	0.01
锌	0.9	0.75	0.08	0.05	0.02
镍	4.8	3.9	0.5	0.3	0.1

（二）有机污染物

六六六、滴滴涕、多环芳烃 3 类有机污染物点位超标率分别为 0.5%、1.9%、1.4%，详见（表 6-2）。

表 6-2　有机污染物超标情况

污染物类型	点位超标率（%）	不同程度污染点位比例（%）			
		轻微	轻度	中度	重度
六六六	0.5	0.3	0.1	0.06	0.04
滴滴涕	1.9	1.1	0.3	0.25	0.25
多环芳烃	1.4	0.8	0.2	0.2	0.2

二、不同土地利用类型土壤的环境质量状况

（一）耕地

土壤点位超标率为 19.4%，其中轻微、轻度、中度和重度污染点位比例分别为 13.7%、2.8%、1.8% 和 1.1%，主要污染物为镉、镍、铜、砷、汞、铅、滴滴涕和多环芳烃。

（二）林地

土壤点位超标率为 10.0%，其中轻微、轻度、中度和重度污染点位比例分别为 5.9%、1.6%、1.2% 和 1.3%，主要污染物为砷、镉、六六六和滴滴涕。

（三）草地

土壤点位超标率为 10.4%，其中轻微、轻度、中度和重度污染点位比例分别为 7.6%、1.2%、0.9% 和 0.7%，主要污染物为镍、镉和砷。

（四）未利用地

土壤点位超标率为 11.4%，其中轻微、轻度、中度和重度污染点位比例分别为 8.4%、1.1%、0.9% 和 1.0%，主要污染物为镍和镉。

三、典型地块及其周边土壤污染状况

（一）重污染企业用地

在调查的 690 家重污染企业用地及周边的 5846 个土壤点位中，超标点位占 36.3%，主要涉及黑色金属、有色金属、皮革制品、造

纸、石油煤炭、化工医药、化纤橡塑、矿物制品、金属制品、电力等行业。

（二）工业废弃地

在调查的 81 块工业废弃地的 775 个土壤点位中，超标点位占 34.9%，主要污染物为锌、汞、铅、铬、砷和多环芳烃，主要涉及化工业、矿业、冶金业等行业。

（三）工业园区

在调查的 146 家工业园区的 2523 个土壤点位中，超标点位占 29.4%。其中，金属冶炼类工业园区及其周边土壤主要污染物为镉、铅、铜、砷和锌，化工类园区及周边土壤的主要污染物为多环芳烃。

（四）固体废物集中处理处置场地

在调查的 188 处固体废物处理处置场地的 1351 个土壤点位中，超标点位占 21.3%，以无机污染为主，垃圾焚烧和填埋场有机污染严重。

（五）采油区

在调查的 13 个采油区的 494 个土壤点位中，超标点位占 23.6%，主要污染物为石油烃和多环芳烃。

（六）采矿区

在调查的 70 个矿区的 1672 个土壤点位中，超标点位占 33.4%，主要污染物为镉、铅、砷和多环芳烃。有色金属矿区周边土壤镉、砷、铅等污染较为严重。

（七）污水灌溉区

在调查的 55 个污水灌溉区中，有 39 个存在土壤污染。在 1378 个土壤点位中，超标点位占 26.4%，主要污染物为镉、砷和多环芳烃。

（八）干线公路两侧

在调查的 267 条干线公路两侧的 1578 个土壤点位中，超标点位占 20.3%，主要污染物为铅、锌、砷和多环芳烃，一般集中在公路两侧 150 米范围内。

第七章

土地退化及防治

第一节 概述

土壤退化，是指在各种自然尤其是人为因素影响下，所发生的不同强度侵蚀而导致土壤质量及农林牧业生产力下降，乃至土壤环境全面恶化的现象。据统计，因水土流失、盐渍化、沼泽化、土壤肥力衰减和土壤污染及酸化等造成的土壤退化总面积约 4.6 亿公顷，占全国土地总面积的 40%，占全球土壤退化总面积的 1/4。

一、土壤（地）退化的概念

土壤退化问题早已引起国内外土壤学家的关注，但土壤退化的定义，不同学者提出了不同的表述。一般认为，土壤退化是指在各种自然和人为因素影响下，导致土壤生产力、环境调控潜力和可持续发展能力下降甚至完全丧失的过程。简言之，土壤退化是指土壤数量减少和土壤质量降低。土壤数量减少表现为表土丧失或整个土体毁坏，或被非农业占用。质量降低表现为物理、化学、生物方面的质量下降。为了正确理解土壤退化的概念，可从以下四个方面认识：

（一）土壤退化的原因

土壤退化虽然是一个非常复杂的问题，但引起其退化的原因是自然因素和人为因素共同作用的结果。自然因素包括破坏性自然灾害和异常的成土因素（如气候、母质、地形等），它是引起土壤自然退化过程（侵蚀、沙化、盐化、酸化等）的基础原因。而人与自然相互作用的不和谐，即人为因素是加剧土壤退化的根本原因。人为活动不仅仅直接导致天然土地的被占用，更危险的是人类盲目的开发利用土、水、气、生物等农业资源（如砍伐森林、过度放牧、不合理农业耕作等），造成生态环境的恶性循环。例如人为因素引起的"温室效应"，导致气候变暖和由此产生的全球性变化，必将造成严重的土地退化。水资源的短缺也加速土壤退化。

（二）土壤退化的本质

土壤退化的本质就是土壤资源的数量减少和质量降低。土壤资源在数量上是有限的，而不是无限的。随着土壤退化的不断加剧，土壤数量逐渐减少。对于人多地少的我国，潜在危险较大的是土壤质量的降低。从这个意义上来看，改良和培肥土壤、保持"地力常新"、提高土壤质量，是一项具有战略地位的重要工作。因此，要正确认识人与自然的关系，就要按照自然规律搞好生态环境建设、区域开发、兴修水利、合理耕作、培肥土壤，防止土壤质量的进一步退化。

（三）防治土壤退化的首要任务是保护耕地土壤

因为耕地土壤是人类赖以生存最珍贵的土壤资源，是农业生产最基本的生产资料，是农业增产技术措施的基础。耕地土壤退化虽然受不利自然因素的影响，但人类高强度的利用、不合理的种植、耕作、施肥等活动，是导致耕地土壤生态平衡失调、环境质量变劣、再生能力衰退、生产力下降的主要原因。因此，防治土壤退化，首先要切实保护好对农业生产有着特殊重要性的耕地土壤。

（四）土地退化与土壤退化的区别

在讨论土地退化或土壤退化时，两者常常混为一谈。许多情形下，把土壤退化简单地作为土地退化来讨论，反之亦然。土地是土壤和环境的自然综合体，它更多地强调土地属性，如地表形态（山地，丘陵等）、植被覆盖（林地，草地，荒漠等）、水文（河流，湖沼等）和土壤。而土壤是土地的主要自然属性，是土地中与植物生长密不可分的那部分自然条件。对于农业来说，土壤无疑是土地的核心。因此，土地退化是指人类对土地的不合理开发利用而导致土地质量下降乃至荒芜的过程。其主要内容包括森林的破坏及衰亡、草地退化、水资源恶化与土壤退化。土壤退化是土地退化中最集中的表现，是最基础和最重要的，且具有生态环境连锁效应的退化现象。土壤退化即是在自然环境的基础上，因人类开发利用不当而加速的土壤质量和生产力下降的现象和过程。这就是说，土壤退化现象仍然服从于成土因素理论。考察土壤退化一方面要考虑到自然因素的影响，但另一方面要关注人类活动的干扰。土壤退化的标志是对农业而言的土壤肥力和生产力的下降及对环境来说的土壤质量的下降。研究土壤退化不但要注意量的变化（即土壤面积的变化），更要注意质的变化（肥力与质量问题）。

二、土壤退化的分类

土壤退化虽自古有之，但土壤退化的科学研究一直是比较薄弱的。联合国粮食及农业组织（以下简称联合国粮农组织）1971 年才编写了《土壤退化》一书，我国于 20 世纪 80 年代才开始研究土壤退化分类。所以目前还没有一个统一的土壤退化分类体系，仅有一些研究结果，现列举有代表性的二种分述如下：

（一）联合国粮农组织采用的土壤退化分类体系

1971 年联合国粮农组织在《土壤退化》一书中，将土壤退化分为十大类，即侵蚀、盐碱、有机废料、传染性生物、工业无机废料、农药、放射性物质、重金属、肥料和洗涤剂。后来又补充了旱涝障碍、土壤养分亏缺和耕地非农业占用三类。

（二）我国对土壤退化的分类

中国科学院南京土壤研究所借鉴了国外的分类，结合我国的实际情况，采用了二级分类。一级分类是将我国土壤退化分为土壤侵蚀、土壤沙化、土壤盐化、土壤污染、土壤性质恶化和耕地的非农业占用等六大类。在这六级基础上进一步进行了二级分类。

三、我国土壤资源的现状与退化的基本态势

（一）我国土壤资源的现状与存在问题

1. 我国人均土壤资源占有率低

我国国土面积达 960 万平方千米，约占世界陆地面积的 1/15，居世界第三位。耕地面积约 123 万平方千米，约占国土面积 12.8%，居世界第四位。按照 13 亿人口计算，人均耕地为 1.42 亩，仅占世界平均水平的 1/4。由此可见，我国土壤资源总量虽较大，但人均占有量少，人地矛盾尖锐。

2. 我国土地资源空间分布不均匀，区域开发利用压力大

一方面我国土地类型从东向西，由平原、丘陵到西藏高原，形成我国土地资源空间分布上的 3 个台阶，其中山地和高原占 59%，盆

地和平原仅占31%，土地资源配置不协调。另一方面，我国土地资源虽绝对数量较大，耕地总量居世界第四位，草地居世界第二位，林地居第八位，但人均耕地、草地、林地分别是世界平均水平的1/4、1/2和1/6。而且90%以上的耕地和陆地水域分布在东南部，一半以上的林地集中在东北和西南山地，80%以上的草地在西北干旱和半干旱地区，这一特点决定了我国土地资源和耕地资源空间分布存在十分不均的矛盾，农业开发的压力大。

3. 生态脆弱区域范围大

我国黄土高原、新疆绿洲、西南岩溶区、东北西部和内蒙古地区均属生态脆弱带，土壤存在潜在退化危险。

4. 耕地土壤质量总体较差

我国123万平方千米耕地中，瘠薄地、干旱缺水地、坡耕地、风沙地、盐碱地、渍涝地、潜育化地等低产土壤占2/3，肥力低下的超低产田土壤占1/3。

5. 耕地面积锐减，非农业占用逐渐增加

由于城镇化、工矿企业和民用建设等占用了大量土地，耕地和可耕地面积逐渐减少，加剧了土壤资源紧缺的矛盾。目前，城市向郊区的扩张、乡镇企业和各项建设蚕食着土地，耕地面积锐减。为了满足众多人口对农产品总量的需求，必然造成现有土壤资源的高强度、超负荷开发利用，导致土壤质量下降。

（二）我国土壤退化的现状与基本态势

1. 土壤退化的面积广、强度大、类型多

据统计，我国土壤退化总面积达460万平方千米，占全国土地总面积的 40%，是全球土壤退化总面积的 1/4。其中水土流失总面积达 1.5 亿公顷，几乎占 1/6 的国土，每年流失土壤 50 万吨，流失的土壤养分相当于全国化肥总产量的 1/2。荒漠化面积为 262 万平方公里，占国土 27.3%。草地退化面积：8700 万公顷，占全部草地 30%。土壤环境污染日趋严重，全国受污染农田 2000 万亩，20 世纪 90 年代初仅工业三废污染农田面积达 6 万平方千米，相当于 50 个农业大县的全部耕地面积。我国土壤退化的发生区域广，全国各地都发生类型不同、程度不等的土壤退化现象。就地区来看，华北地区主要发生着盐碱化，西北主要是沙漠化，黄土高原和长江中上游主要是水土流失，西南发生着石质化，东部地区主要表现为土壤肥力衰退和环境污染。总体来看，土壤退化已影响到我国 60% 以上的耕地土壤。

2. 土壤退化速度快，影响深远

我国土壤退化的速度十分惊人。目前每年损失耕地达 300 ～ 600 万亩。过去 30 年中，我国土壤侵蚀面积的增长速率为 1.2% ～ 2.5%，致使长江成为中国的第二条"黄河"。我国每年流失土壤 50 亿吨，流失的土壤养分相当于 4000 万吨化肥，流失的土壤相当于 10 毫米 的土层。荒漠化面积发展速度 2640 平方公里 / 年。仅耕地占用一项，在 20 世纪 80 年代的十年间达到 230 多万公顷，近年仍在加快。其中国家和地方建设占地为 20% 左右，农民建房占 5% ～ 7%。土壤流失的发展速度也十分注目，水土流失面积由 1949 年的 150 万公顷发展到 20 世纪 90 年代中期的 200 万公顷。近十余年来土壤酸化不断扩展，例如在长江三角洲地区，宜兴市水稻土 pH 值平均下降了 0.2 个～ 0.4 个单位，铜、锌、铅等重金属有效态含量升高了 30% ～ 300%。并且有越来越多的证据表明土壤有机污染物积累在加速。

四、土壤（地）退化的后果

土壤退化对我国生态环境和国民经济造成巨大影响，其直接后果有：陆地生态系统的平衡和稳定遭到破坏，土壤生产力和肥力降低；破坏自然景观及人类生存环境，诱发区域乃至全球的土被破坏、水系萎缩、森林衰亡和气候变化；水土流失严重，自然灾害频繁，特大洪水危害加剧，对水库构成重大威胁；化肥使用量不断增加，而化肥的报酬率和利用率递减，环境污染加剧；农业投入产出比增大，农业生产成本上升；人地矛盾突出，生存环境恶化；食品安全和人类健康受到严重威胁。

第二节　土壤侵蚀及防治

土壤侵蚀是指土壤或成土母质在外力（水、风）作用下被破坏剥蚀、搬运和沉积的过程。广泛应用的"水土流失"一词是指在水力作用下，土壤表层及其母质被剥蚀、冲刷搬运而流失的过程（图7-1）。土壤侵蚀类型的划分以外力性质为依据，通常分为水力侵蚀、重力侵蚀、冻融侵蚀和风力侵蚀等。其中水力侵蚀是最主要的一种形式，习惯上称为水土流失。水力侵蚀分为面蚀和沟蚀，重力侵蚀表现为滑坡、崩塌和山剥皮，风力侵蚀分悬移风蚀和推移风蚀。划分土壤侵蚀类型的目的在于反映和揭示不同类型的侵蚀特征及其区域分异规律，以便采取适当措施防止或减轻侵蚀危害。

图 7-1　水土流失地貌

一、土壤侵蚀的类型

（一）水力侵蚀

水力侵蚀或流水侵蚀是指由降雨及径流引起的土壤侵蚀，简称水蚀。水蚀包括面蚀、潜蚀、沟蚀和冲蚀。

1. 面蚀或片蚀

面蚀是片状水流或雨滴对地表进行的一种比较均匀的侵蚀，它主要发生在没有植被或没有采取可靠的水土保持措施的坡耕地或荒坡上，是水力侵蚀中最基本的一种侵蚀形式。面蚀又依其外部表现形式划分为层状、结构状、沙砾化和鳞片状面蚀等。面蚀所引起的地表变化是渐进的，不易为人们觉察，但它对地力减退的速度是惊人的，涉及的土地面积往往是较大的。

2．潜蚀

潜蚀是地表径流集中渗入土层内部进行机械的侵蚀和溶蚀作用，千奇百怪的喀斯特熔岩地貌就是潜蚀作用造成的，另外在垂直节理十分发育的黄土地区也相当普遍。

3．沟蚀

沟蚀是集中的线状水流对地表进行的侵蚀，切入地面形成侵蚀沟的一种水土流失形式，按其发育的阶段和形态特征又可细分为细沟侵蚀、浅沟侵蚀、切沟侵蚀。沟蚀是由片蚀发展而来的，但它显然不同于片蚀，因为一旦形成侵蚀沟，土地即遭到彻底破坏，而且由于侵蚀沟的不断扩展，坡地上的耕地面积就随之缩小，使曾经是大片的土地被切割得支离破碎。

4．冲蚀

冲蚀主要指沟谷中时令性流水的侵蚀。

（二）重力侵蚀

重力侵蚀是指斜坡陡壁上的风化碎屑或不稳定的土石岩体在重力为主的作用下发生的失稳移动现象，一般可分为泄溜、崩塌、滑坡和泥石流等类型，其中泥石流是一种危害严重的水土流失形式。重力侵蚀多发生在深沟大谷的高陡边坡上。

（三）冻融侵蚀

主要分布在我国西部高寒地区，在一些松散堆积物组成的坡面上，土壤含水量大或有地下水渗出情况下冬季冻结，春季表层首先融化，而下部仍然冻结，形成了隔水层，上部被水浸润的土体成流塑状态，顺坡向下流动、蠕动或滑塌，形成泥流坡面或泥流沟。所以此种形式主要发生在一些土壤水分较多的地段，尤其是阴坡。如春末夏初在青海东部一些高寒山坡、晋北及陕北的某些阴坡，常可见到舌状泥流，但一般范围不大。

（四）风力侵蚀

在比较干旱、植被稀疏的条件下，当风力大于土壤的抗蚀能力时，土粒就被悬浮在气流中而流失，这种由风力作用引起的土壤侵蚀现象就是风力侵蚀，简称风蚀。风蚀发生的面积广泛，除一些植被良好的地方和水田外，无论是平原、高原、山地、丘陵都可以发生，只不过程度上有所差异。风蚀强度与风力大小、土壤性质、植被覆盖度和地形特征等密切相关。此外还受气温、降水、蒸发和人类活动状况的影响。特别是土壤水分状况是影响风蚀强度的极重要因素，土壤含水量越高，土粒间的黏结力加强，而且一般植被也较好，抗风蚀能力强。

（五）人为侵蚀

人为侵蚀是指人们在改造利用自然、发展经济过程中，移动了大量土体，而不注意水土保持，直接或间接地加剧了侵蚀，增加了河流的输砂量。目前主要表现在采矿、修建各种建筑、公路、铁路、水利等工程过程中毁坏耕地、废弃物乱堆放，有的直接倒入河床，有的堆积成小山坡，再在其他引力作用下产生侵蚀。人为侵蚀在黄土高原所产生的危害是不容忽视的，特别是一大批露天煤矿的开采等，使个别地区的水土流失近年来又有明显加剧的趋势。

三、影响土壤侵蚀的因素

影响土壤侵蚀的因素分为自然因素和人为因素。自然因素是水土流失发生、发展的先决条件，或者叫潜在因素，人为因素则是加剧水土流失的主要原因。

（一）自然因素

1. 气候

气候因素特别是季风气候与土壤侵蚀密切相关。季风气候的特点是降雨量大而集中，多暴雨，因此加剧了土壤侵蚀。最主要而又直接的是降水，尤其暴雨是引起水土流失最突出的气候因素。所谓暴雨是指短时间内强大的降水，一日降水量可超过 50 毫米或 1 小时降水超过 16 毫米的都叫作暴雨。一般说来，暴雨强度愈大，水土流失量愈多。

2. 地形

地形是影响水土流失的重要因素，而坡度的大小、坡长、坡形等都对水土流失有影响，其中坡度的影响最大，因为坡度是决定径流冲刷能力的主要因素。坡耕地使土壤暴露于流水冲刷，是土壤流失的推动因子。一般情况下，坡度越陡，地表径流流速越大，水土流失也越严重。

3．土壤

土壤是侵蚀作用的主要对象，因而土壤本身的透水性、抗蚀性和抗冲性等特性对土壤侵蚀也会产生很大的影响。土壤的透水性与质地、结构、孔隙有关，一般地，质地沙化、结构疏松的土壤易产生侵蚀。土壤抗蚀性是指土壤抵抗径流对它们的分散和悬浮的能力。若土壤颗粒间的胶结力很强，结构体相互不易分散，则土壤抗蚀性也较强。土壤的抗冲性是指土壤对抗流水和风蚀等机械破坏作用的能力。据研究，土壤膨胀系数愈大，崩解愈快，抗冲性就愈弱，若有根系缠绕，将土壤团结，可使抗冲性增强。

4．植被

植被破坏使土壤失去天然保护屏障，成为加速土壤侵蚀的先导因子。据中国科学院华南植物研究所的试验结果，裸地的泥沙年流失量为 26902 kg/hm^2，桉林地为 6210 kg/hm^2，而阔叶混交林地仅 3 kg/hm^2。因此，保护植被，增加地表植物的覆盖，对防治土壤侵蚀有着极其重要意义。

（二）人为因素

人为活动是造成土壤流失的主要原因，表现为植被破坏（如滥垦、滥伐、滥牧）和坡耕地垦殖（如陡坡开荒、顺坡耕作、过度放牧），或由于开矿、修路未采取必要的预防措施等，都会加剧水土流失。

四、土壤侵蚀对生态环境的影响和危害

我国是世界上土壤侵蚀最严重的国家之一，主要发生在黄河中上游黄土高原地区、长江中上游丘陵地区和东北平原地区，水土流失

严重。其主要危害包括以下方面：

（一）破坏土壤资源

由于土壤侵蚀，大量土壤资源被蚕食和破坏，沟壑日益加剧，土层变薄，大面积土地被切割得支离破碎，耕地面积不断缩小。随着土壤侵蚀年复一年的发展，势必将人类赖以生存的肥沃土层侵蚀殆尽。据统计全国水土流失总面积达 150 万平方千米（不包括风蚀面积），几乎占国土总面积的 1/6。黄土高原总面积为 53 万平方千米，水土流失面积达 43 万平方千米，占总面积的 81%。据资料介绍，在晋、陕、甘等省内，每平方公里有支、干沟 50 多条，沟道长度可达 5 千米～ 10 千米以上，沟谷面积可占流域面积的 50%～ 60%。

（二）土壤肥力和质量下降

土壤侵蚀使大量肥沃表土流失，土壤肥力和植物产量迅速降低。如吉林省黑土地区，每年流失的土层厚达 0.5 厘米～ 3 厘米，肥沃的黑土层不断变薄，有的地方甚至全部侵蚀，使黄土或乱石遍露地表。四川盆地中部土石丘陵区，坡度为 15°～ 20°的坡地，每年被侵蚀的表土达 2.5 厘米。黄土高原强烈侵蚀区，平均年侵蚀量 $6000t/km^2$ 以上，最高可达两万吨以上。南方红黄壤地区以江西兴国县为例，平均年流失量 $5000t/km^2$ ～ $8000t/km^2$，最高达 $13500t/km^2$，裸露的花岗岩风化壳坡面，夏季地表温度高达 70℃，被喻为南方"红色沙漠"。目前珠江三角洲每年以 50 米～ 100 米的速度向海推进。全国每年流失土壤超过 50 万吨，占世界总流失量的 20%，相当于剥去 10 毫米厚的较肥沃的土壤表层，流失的土壤中氮、磷、钾等养分相当于 5000

多万吨化肥量。通过水土流失的土壤，一般是较肥沃的土壤表层，造成大量土壤有机质和养分损失，土壤理化性质恶化，土壤板结，土质变坏，土壤通气透水性能降低，使土壤肥力和质量迅速下降。

（三）生态环境恶化

由于严重的水土流失，导致地表植被的严重破坏，自然生态环境失调恶化，洪、涝、旱、冰雹等自然灾害接踵而来，特别是干旱的威胁日趋严重。据资料介绍，黄土高原地区每10年有5～7年是旱年。频繁的干旱严重威胁着农林业生产的发展。由于风蚀的危害，致使大面积土壤沙化，并在我国西北地区经常形成沙尘暴天气，造成严重的大气环境污染。

（四）破坏水利、交通工程设施

水土流失带走的大量泥沙，被送进水库、河道、天然湖泊，造成河床淤塞、抬高，引起河流泛滥，这是平原地区发生特大洪水的主要原因。据其中20个修建20年的重点水库统计，淤积量已达77 m^3，为总库容的近20%，大大缩短了水利设施的使用寿命。同时大量泥沙的淤积还会造成大面积土壤的次生盐渍化。由于一些地区重力侵蚀的崩塌、滑坡，或泥石流等经常导致交通中断，道路桥梁破坏，河流堵塞，已造成巨大的经济损失。

由此可见，土壤侵蚀所造成的危害是十分严重的，必须予以高度的重视和采取有效措施加以防治。

四、土壤侵蚀的防治

防治水土流失，保护和合理利用水土资源是改变山区、丘陵区、风沙区面貌，治理江河、减少水、旱、风沙灾害，建立良好生态环境，走农林业生产可持续发展的一项根本措施，是国土整治的一项重要内容。水土保持是山区生态建设的生命线，必须采取行之有效的水土保持综合治理措施。国内外通过大量的生产实践和科学研究，总结出了以水利工程、生物工程和农业技术相结合的水土保持综合治理经验，经推广应用取得了良好的效果。

（一）水利工程措施

1. 坡面治理工程

按其作用可分为梯田、坡面蓄水工程和截流防冲工程。梯田是治坡工程的有效措施，可拦蓄 90% 以上的水土流失量。梯田的形式多种多样，田面水平的为水平梯田，田面外高里低的为反坡梯田，相邻两水平田面之间隔一斜坡地段的为隔坡梯田，田面有一定坡度的为坡式梯田。坡面蓄水工程主要是为了拦蓄坡面的地表径流，解决人畜和灌溉用水，一般有旱井、涝池等。截流防冲工程主要指山坡截水沟，在坡地上从上到下每隔一定距离，横坡修筑的可以拦蓄、输排地表径流的沟道，它的功能是可以改变坡长，拦蓄暴雨，并将其排至蓄水工程中，起到截、缓、蓄、排等调节径流的作用。

2. 沟道治理工程

沟道治理工程主要有沟头防护工程、谷坊、沟道蓄水工程和淤地坝等。沟头防护工程是为防止径流冲刷而引起的沟头前进、沟底下切和沟岸扩张，保护坡面不受侵蚀的水保工程。沟头防护工程的具体实施步骤首先在沟头加强坡面的治理，做到水不下沟；其次是巩固沟头和沟坡，在沟坡两岸修鱼鳞坑、水平沟、水平阶等工程，造林种草，防止冲刷，减少下泻到沟底的地表径流；最后在沟底从毛沟到支沟至干沟，根据不同条件，分别采取修谷坊、淤地坝、小型水库和塘坝等各类工程，起到拦截洪水泥沙，防止山洪危害的作用。

3．小型水利工程

主要为了拦蓄暴雨时的地表径流和泥沙，可修建与水土保持紧密结合的小型水利工程，如蓄水池、转山渠、引洪漫地等。

（二）生物工程措施

生物工程措施是指为了防治土壤侵蚀、保持和合理利用水土资源而采取的造林种草，绿化荒山，农林牧综合经营，以增加地面覆被率，改良土壤，提高土地生产力，发展生产，繁荣经济的水土保持措施，也称水土保持林草措施。林草措施除了起涵养水源、保持水土的作用外，还能改良培肥土壤，提供燃料、饲料、肥料和木料，促进农、林、牧、副各业综合发展，改善和调节生态环境，具有显著的经济、社会和生态效益。生物防护措施可分两种：一种是以防护为目的的生物防护经营型，如黄土地区的塬地护田林、丘陵护坡林、沟头防蚀林、沟坡护坡林、沟底防冲林、河滩护岸林、山地水源林和固沙林等。另一种是以林木生产为目的的林业多种经营型，有草田轮作、林粮间作、果树林、油料林、用材林、放牧林、薪炭林等。

（三）农业技术措施

水土保持农业技术措施，主要是水土保持耕作法，是水土保持的基本措施，它包括的范围很广，按其所起的作用可分为三大类：

1. 以改变地面微小地形，增加地面粗糙率为主的水土保持农业技术措施其作用是拦截地表水，减少土壤冲刷，主要包括横坡耕作、沟垄种植、水平犁沟、筑埂作垄等高种植丰产沟等。

2. 以增加地面覆盖为主的水土保持农业技术措施，其作用是保护地面，减缓径流，增强土壤抗蚀能力，主要有间作套种、草田轮作、草田带状间作、宽行密植、利用秸秆杂草等进行生物覆盖、免耕或少耕等措施。

3. 以增加土壤入渗为主的农业技术措施，其作用是疏松土壤，改善土壤的理化性状，增加土壤抗蚀、渗透、蓄水能力，主要有增施有机肥、深耕改土、纳雨蓄墒，并配合耙耱、浅耕等，以减少降水损失，控制水土流失。

防治土壤侵蚀，必须根据土壤侵蚀的运动规律及其条件，采取必要的具体措施。但采取任何单一防治措施，都很难获得理想的效果，必须根据不同措施的用途和特点，遵循如下综合治理原则：治山与治水相结合，治沟与治坡相结合，工程措施与生物措施相结合，田间工程与蓄水保土耕作措施相结合，治理与利用相结合，当前利益与长远利益相结合。实行以小流域为单元，坡沟兼治，治坡为主，工程措施、生物措施、农业措施相结合的集中综合治理方针，才可收到持久稳定的效果。

第三节 土壤沙化和土地沙漠化

一、土壤沙化的基本概念

土壤沙化指土壤在风蚀作用下，表层土壤细颗粒减少而粗质砂粒增多的过程。土地沙漠化是指土壤在风蚀作用下，向沙漠生境演化的过程。沙漠是沙漠化的顶级状态。土地沙漠化已成为世界性灾难。全世界沙漠和沙漠化土地已有 4500 多万平方公里，沙漠化土地每年还以 5 至 7 万平方公里的速度在扩大，全世界有 10 亿人口的生产、生活直接受沙漠威胁，2/3 的国家和地区饱尝土壤沙化之苦。土壤沙化已被列为当今世界十大环境问题之首。土壤沙化和土地沙漠化的主要过程是风蚀和风力堆积过程。在沙漠周边地区，由于水资源的过度开采，植被破坏或滥垦、滥牧、滥伐等因素，土壤因失水而变得干燥，土粒分散，被风吹蚀，细颗粒含量降低。而在风力过后或减弱的地段，风沙颗粒逐渐堆积于土壤表层而使土壤沙化。因此，土壤沙化包括草地土壤的风蚀过程及在较远地段的风沙堆积过程。受荒漠化威胁最严重的是非洲，总面积的 1/3 是沙漠，仅撒哈拉沙漠面积就达 777 万平方公里；东西非地区过度放牧，牧草干枯，沙丘移动加大，荒漠化加剧；南非地区，载畜量过大，生产力呈下降趋势；北非大部分地区牧草地都有流沙移动，沙丘侵入，饮水不足等导致严重的风蚀、水蚀。

中国是世界上荒漠化严重的国家之一。据国家林业局《第二次全国荒漠化、沙土化土地监测结果》显示，1999 年我国荒漠化土地面积达到 267.4 万平方公里，占全国土地总面积的 27.9%。其中风蚀荒漠化面积 187.3 万平方千米，占荒漠化土地总面积的 70%；水蚀荒漠化面积 26.5 万平方千米，占荒漠化土地总面积的 9.9%；土壤盐渍化面积 17.3 万平方千米，占荒漠化土地总面积的 6.5%；冻融荒漠化面积 36.3 万平方千米，占荒漠化土地总面积的 13.6%。（图 7-2）这些荒漠化的土地主要分布在我国 18 个省（区）的 471 个县（旗），这些县（旗）大部分位于西部地区。

我国西北地区的土地荒漠化主要表现为农田和草场的沙化，并有十几处面积较大的沙漠，它们是新疆的塔克拉玛干沙漠、古尔班通古特沙漠、库姆塔格沙漠，青海的柴达木盆地沙漠，内蒙古的巴丹吉林沙漠、乌兰布和沙漠、雅玛利克沙漠、浑善达克沙地，内蒙古、甘肃的腾格里沙漠，内蒙古、宁夏、陕西的毛乌素沙漠等。这些沙漠分布于东经 75°至东经 122°，北纬 37°至北纬 47°的高原、盆地和平原之间，总面积达 70 多万平方千米。除沙漠之外，西部地区还有将近 60 万平方千米的戈壁。如此广袤的沙漠、戈壁是中国西部独特的自然景观，也是西部土地荒漠化的重要表现。

我国西南地区的土地荒漠化则主要表现为农田的石漠化。石漠化地区土层浅薄，植被稀少，生态环境脆弱。在漫长的岁月中，西南诸省区形成一些面积较大的岩溶地貌和石漠景观，如云南全省岩溶面积达 11.1 万平方千米，主要分布在滇东、滇东南和滇东北地区，占全省总面积的 29%。贵州省石漠化土地在黔南、黔西南、黔东南、六盘水、安顺、毕节、铜仁、遵义等地均有分布，总面积达 13.888

图 7-2　沙漠地貌

万平方千米，占全省总面积的 7.9%。在石漠化地区，岩石裸露率在 70% 以上者占石漠化面积的 38.9%。有不少旱地还潜伏着石漠化的危机。广西石漠化的情况更为严重，岩溶山区的石漠化面积已占总面积的 37.8%。

翻开丰富的历史典籍，我们在先秦、秦汉时期的文献中已可看到"流沙"的记载。不过，那时的"流沙"只有 3 处：一处是指敦煌以西的沙漠，即今新疆境内白龙堆沙漠和塔克拉玛干大沙漠；一处是居延海一带的流沙，即今内蒙古的巴丹吉林沙漠和腾格里沙漠还有一处是指阴山以北的沙漠，史书上称之为"大漠"或"大幕"。敦煌以西的沙漠位于丝绸之路沿线，当年张骞凿空、班超通西域、赵充国在西域屯田皆经过其地，故文献中对这一沙漠记载较多。

二、影响土壤沙化的因素

（一）干旱气候引起的风沙

第四纪以来，随着青藏高原的隆起，西北地区干旱气候日益加剧，雨水稀少，风大沙多，使土壤沙化逐渐发展。

（二）人为活动引起的风沙

人为活动是土壤沙化的主导因素，原因是人类活动使水资源短缺，加剧干旱和风蚀；农垦和过度放牧，植被覆盖降低。据统计，人为因素引起的土壤沙化占总沙化面积的 94.5%，其中农垦不当占 25.4%，过度放牧占 28.3%，森林破坏占 31.8%，水资源利用不合理占 8.3%，开发建设占 0.7%。

三、土壤沙化的危害

土壤沙化对经济建设和生态环境危害极大。首先，土壤沙化使大面积土壤失去农、林、牧生产能力，使有限的土壤资源面临更为严重的挑战。我国从 1979 年到 1989 年 10 年间，草场退化每年约 130 万公顷，人均草地面积由 0.4 公顷下降到 0.36 公顷。其次，土壤沙化使大气环境恶化。由于土壤大面积沙化，使风挟带大量沙尘在近地面大气中运移，极易形成沙尘暴，甚至黑风暴，20 世纪 30 年代在美国，60 年代在苏联均发生过强烈的黑风暴。70 年代以来，我国新疆发生过多次黑风暴。土壤沙化的发展，造成土地贫瘠，环境恶劣，威胁人类的生存。我国汉代以来，西北的不少地区是一些古国的所在地，如宁夏地区是西夏国的范围，塔里木河流域是楼兰古国的地域，大约在

1500 年前还是魏晋农垦之地，但现在上述古文明已从地图上消失了。从近代看，1961 年新疆生产建设兵团 32 团开垦的土地，在之后的 15 年内，已被高 1 m ～ 1.5 m 的新月形沙丘所覆盖。

四、土壤沙化的防治途径

土壤沙化的防治重在防。从地质背景上看，土地沙漠化是不可逆的过程。防治重点应放在农牧交错带和农林草交错带，在技术措施上要因地制宜。主要防治途径如下：

（一）营造防沙林带

我国沿吉林白城地区的西部—内蒙古的兴安盟东南—辽通市和赤峰市—古长城沿线是农牧交错带地区，土壤沙化正在发展中。我国已实施建设"三北"地区防护林体系工程，应进一步建成为"绿色长城"。一期工程已完成 600 万公顷植树造林任务。目前已使数百万公顷农田得到保护，轻度沙化得到控制。

（二）实施生态工程

我国的河西走廊地区，昔日被称为"沙窝子""风库"，当地因地制宜，因害设防，采取生物工程与石工程相结合的办法，在北部沿线营造了 1220 多千米的防风固沙林 13.2 万公顷，封育天然沙生植被 26.5 万公顷，在走廊内部营造起约 5 万公顷农田林网，河西走廊一些地方如今已成为林茂粮丰的富庶之地。

（三）建立生态复合经营模式

内蒙古东部、吉林白城地区、辽西等地为半干旱、半湿润地区，有一定的降雨量资源，土壤沙化发展较轻，应建立林、农、草复合经营模式。

（四）合理开发水资源

土壤沙化在新疆、甘肃的黑河流域应得到高度重视。塔里木河 1949 年初径流量为 $100\times10^8\,m^3$，20 世纪 50 年代后上游站稳定在 $40\times10^8\sim50\times10^8\,m^3$。但在只有 2 万人口、2000 多公顷土地和 30 多万只羊的中游地区消耗掉约 $40\times10^8\,m^3$ 水，中游区大量耗水致使下游断流，300 多公里地段树、草枯萎和残亡，下游地区的 4 万多人口、1 万多公顷土地面临着生存威胁。因此，应合理规划，调控河流上、中、下游流量，避免使下游干涸、控制下游地区的进一步沙化。

（五）控制农垦

土地沙化正在发展的农区，应合理规划，控制农垦，草原地区应控制载畜量。草原地区原则上不宜农垦，旱粮生产应因地制宜控制在沙化威胁小的地区。如印度在 1.7 亿公顷草原上放牧 4 亿多头羊，使一些稀疏干草原很快发展成为荒漠。内蒙古草原的理论载畜量应为每公顷 0.49 只羊，而实际载畜量每公顷达 0.65 只羊，超出 33%。因此，从牧业持续发展来看必须减少放牧量。实行牧草与农作物轮作，培育土壤肥力。

（六）完善法制，严格控制破坏草地

在草原、土壤沙化地区，工矿、道路以及其他开发工程建设必须进行环境影响评价。对人为盲目垦地种粮、樵柴、挖掘中药等活动要依法从严控制。

第四节　土壤盐渍化及防治

土壤盐渍化是指土壤表层中可溶性盐分积累的现象或过程。一般来说，土壤底层的地下水含有一部分盐。当这些地下水上升到地表时，水和肥料蒸发，而盐则留在土壤中。随着盐的逐渐增加，土壤就形成了盐渍化。据统计，我国盐渍土面积不小，分布广泛，对作物栽培有一定的影响。因此，正确认识土壤盐渍化显得尤为重要。我国盐渍土或称盐碱土的分布范围广、面积大、类型多，总面积约 1 亿公顷。土壤盐渍化主要发生在干旱、半干旱和半湿润地区。盐碱土的可溶性盐主要包括钠、钾、钙、镁等的硫酸盐、氯化物、碳酸盐和重碳酸盐。硫酸盐和氯化物一般为中性盐、碳酸盐和重碳酸盐为碱性盐。（图7-3）

一、盐渍化的危害

（一）引起植物"生理干旱"

当土壤中可溶性盐含量增加时，土壤溶液的渗透压提高，导致植物根系吸水困难，轻者生长发育受到不同程度的抑制，严重时植物体内的水分会发生"反渗透"，招致凋萎死亡。

（二）盐分的直接毒害作用

当土壤中盐分含量增多，某些离子浓度过高时，对一般植物直接产生毒害。特别是碳酸盐和重碳酸盐等碱性盐类对幼芽、根和纤维组织有很强的腐蚀作用，会产生直接危害。同时，高浓度的盐分破坏了植物对养分的平衡吸收，造成植物某些养分缺乏而发生营养紊乱。如过多的钠离子，会影响植物对钙、镁、钾的吸收，高浓度的钾又会妨碍对铁、镁的摄取，结果会导致诱发性的缺铁和缺镁症状。

（三）降低土壤养分的有效性

盐渍化土壤中的碳酸盐和重碳酸盐等碱性盐在水解时，呈强碱性反应，高 pH 条件会降低土壤中磷、铁、锌、锰等营养元素的溶解度，从而降低了土壤养分对植物的有效性。

（四）恶化土壤物理和生物学性质

当土壤中含有一定量盐分时，特别是钠盐，对土壤胶体具有很强的分散能力，使团聚体崩溃，土粒高度分散，结构破坏，导致土壤湿时泥泞，干时板结坚硬，通气透水性不良，耕性变差。同时，不利于微生物活动，影响土壤有机质的分解与转化。

二、土壤盐渍化的形成条件

气候干旱、地势低洼、排水不畅、地下水位高、地下水矿化度大等是盐渍化形成的重要条件，母质、地形、土壤质地层次等对盐渍化的形成也有重要影响。

（一）半干旱半湿润季风气候是土壤盐渍化的前提

无论从全球还是从我国来看，大部分的盐碱土都分布在雨水稀少的干旱、半干旱和半湿润季风气候地区，干湿季节明显，旱季漫长湿季短暂，蒸发量大于降雨量。我国主要的盐碱土地区，如华北和东北地区，年降水量只有400毫米～700毫米，而年蒸发量则远超过1000毫米；西北地区的内蒙古、宁夏、青海和新疆等地，年降雨量仅为100毫米～350毫米，有些地区更低，年蒸发量却高达2000毫米～3000毫米，为降雨量的10倍～15倍，甚至300倍。这种气候特点为盐分聚集地表，为土壤返盐提供了条件。成土母质风化释放出的可溶性盐分，无法淋溶，只能随水搬运至排水不畅的低平地区，在强烈的蒸发作用下，盐分便聚积于表层土壤内，导致土壤盐渍化。

（二）地形地貌是盐分累积分异的重要条件

地形地貌引起水盐的分配和运动，所以盐碱土总是分布于特定的地形地貌部位上。陆地上盐分移动和集聚的基本趋势是盐分地面和地下径流由高处向低处汇集，积盐状况由高处到低处逐渐加重。因此，就大地形而言，盐碱土多分布在地形低平的内陆盆地、山间洼地和平坦、排水不畅的平原地区，地面水和地下水汇集，地下水经常维持较高水位，容易形成盐碱土。地势较高的地区和坡地不会形成盐碱土。从小地形来看，在低平地区中的局部高处，由于蒸发快，水和盐分由低处向高处聚积，有时往往相距几十米或几米，高差仅为十几厘米的地方，高处的盐分含量可比低平处高出几倍。

（三）地下水状况是土壤盐渍化的主导因素

含盐的地下水，借土壤毛管作用上升至土壤表层，水分蒸发后盐分便积聚起来，这是土壤盐碱化很普遍的过程。而地下水位高低、地下水矿化度的大小与土壤盐碱化有着密切的关系，故地下水影响是现代积盐的根本原因。

图 7-3 盐渍化地貌

1. 地下水位与土壤积盐的关系：地下水位越高，含盐地下水越易通过毛管上升至地表，水分蒸发后，盐分便遗留在土壤表层，引起土壤盐渍化。生产上为保证植物根系活动层土壤不发生盐渍化，所要求的地下水最小埋藏深度称为地下水临界深度。临界深度并非常数，它受气候、土壤质地、地下水矿化度和人为因素等的影响较大。

2. 地下水矿化度与土壤积盐的关系：地下水矿化度是指每升地下水中含盐的克数，生产上将开始引起土壤盐渍化的地下水矿化度称为临界矿化度。地下水矿化度越高，则土壤容易发生盐碱化，反之，则不易发生盐碱化。因此，地下水位的高低和地下水矿化度的大小影响着土壤盐渍化的程度，一般地下水位越高，矿化度越大，土壤积盐程度越严重。

（四）母质和生物也是土壤盐渍化的形成条件

母质对土壤盐渍化形成的影响有两个方面，一是母质本身含盐。

在经过漫长地质年代聚集下来的盐分，形成古盐土、含盐地层、盐岩或盐层，在漠境极端干旱的条件下，盐分得以残留下来成为目前的残积盐土。二是含盐母质在滨海或盐湖形成新的沉积物，经地壳运动将这些新沉积物暴露出来成为陆地，从而使土壤含盐。有些盐地植物的耐盐力很强，能在土壤溶液渗透压很高的土壤上生长，这些植物根系发达，能从深层土壤或地下水中吸取大量的水溶性盐类。吸收积累的盐分可达植物干重的 20% ～ 30%，甚至高达 40% ～ 50%，植物死亡后，就把盐分留在表层土壤中或地面上，从而加速土壤的盐碱化。新疆盐渍土上生长的红柳和胡杨等都具有这种作用。另外，某些盐生植物在生长过程中，能把体内的盐分分泌出来（称为泌盐植物），就地累积于植株的附近，日积月累大大地增加土壤表层中的盐分。

（五）人类活动是引起土壤次生盐渍化的主因

在干旱、半干旱和半湿润的平原灌区，不合理的人类活动是引起土壤次生盐渍化的主要原因。如灌排、轮作等措施不当，会使土壤发生盐碱化。这种由于人为生产措施不当而造成的土壤盐渍化，称为次生盐渍化；土壤次生盐渍化的发生，从内因来看，土壤具有潜在盐渍化。从外因来看，主要是人类活动所致。归纳起来有：①灌排系统不配套。有灌无排或排水不畅，地下水位上升，导致土壤积盐。②大水漫灌、串灌。土地不平整，灌水量不加节制，大量水分入渗提高了地下水位，带来了次生盐渍化。③渠道渗漏。长期引水后，提升了渠道两侧的地下水位，引起水道两侧的次生盐渍化。④平原蓄水不当。平原水库的水位一般都接近于地面，如在水库周围不修建截渗设施，则由于水库水体的静水压，势必导致水库周围地下水位的升高，使土壤发生次生盐渍化。⑤利用矿化度较大的地面水或地下水进行灌溉所致。⑥不合理的耕种方式。有些灌区水旱插花种植，水田周围又无截渗措施，使四周旱田区的地下水位因稻田灌水而抬高，造成旱田土壤发生次生盐渍化。此外，在灌区耕作粗放、施肥不合理、土地不平整等，都易造成土壤次生盐渍化的加重。

三、土壤盐渍化的类型

土壤盐渍化可分为以下几种类型：

1. 现代盐渍化。在现代自然环境下，积盐过程是主要的成土过程。

2. 残余盐渍化。土壤中某一部位含一定数量的盐分而形成积盐层，但积盐过程不再是目前环境条件下主要的成土过程。

3. 在盐渍化。心底土存在积盐层，或者处于积盐的环境条件（如高矿化度地下水、强蒸发，等等），有可能发生盐分表聚的情况。

我国盐渍土总面积约 1 亿公顷，其中现代盐渍化土壤约 0.37 亿公顷，残余盐渍化土壤约 0.45 亿公顷，潜在盐渍化土壤约 0.17 亿公顷。由于受气候及水资源条件的限制，以及科学技术开发能力的限制，很多盐渍土尤其是现代盐渍土及残余盐渍土尚不可能得到有效利用。

第五节　土壤潜育化及防治

一、土壤潜育化与次生潜育化的概念

土壤潜育化是土壤处于地下水和饱和、过饱和水长期浸润状态下，在 1 米内的土体中某些层段氧化还原电位在 200 mv 以下，并出现因铁、锰还原而生成的灰色斑纹层、腐泥层、青泥层、泥炭层的土壤形成过程。土壤次生潜育化是指因耕作或灌溉等人为原因，土壤（主要是水稻土）从非潜育型转变为高位潜育型的过程。常表现为 50 厘米土体内出现青泥层。我国南方有潜育化或次生潜育化稻田 400 多万公顷，约有一半为冷浸田，是农业发展的又一障碍。广泛分布于江、湖、平原，如鄱阳湖平原、珠江三角洲平原、太湖流域、洪泽湖以东的里下河地区，以及江南丘陵地区的山间构造盆地，以及古海湾地区等。

二、次生潜育化稻田的形成原因

次生潜育化稻田形成与土壤本身排水条件不良，水过多以及耕作利用不当有关。

1. 排水不良

土壤处于洼地、比较小的平原、山谷涧地等地区会造成土壤的排水不良，排水不良是形成次生潜育化的根本原因。

2．水过多

造成土壤水过多的原因有两个。首先是水利工程，沟渠水库周围由于坝渠漏水。其次可能是潜水出露，如湖南的"滂泉田"，排灌不分离，串灌造成土壤长期浸泡。

3．过度耕垦

我国南方 20 世纪六七十年代大力推广三季稻，复种指数大大提高，干湿交替时间缩短，犁底层加厚并更紧实，阻碍了透水、透气，故易诱发次生潜育化。另外，次生潜育化与土壤质地较黏、有机质含量较高也有关。这些都造成了土壤过度耕垦。

三、潜育化和次生育化土壤的障碍因素

1．还原性有害物质较多

强潜育性土壤的 Eh 值大多在 250 mV 以下，Fe^{2+} 含量可高达 4×10^3 mg/kg，为非潜育化土壤的数十至数百倍，易受还原物质毒害。

2．土性冷

潜育化或次生潜育化土壤的水温、土温在 3 月～5 月间，比非潜育化土壤分别低 3℃～8℃和 2℃～3℃，是稻田僵苗不发、迟熟低产的原因。

3．养分转化慢

土壤的生物活动较弱，有机物矿化作用受抑制，有机氮矿化率只有正常土壤的 50%～80%。土壤钾释放速率低，速效钾、缓效钾均较缺乏，还原作用强，有较高的 CH_4、N_2O 源。

四、改良和治理

潜育化和次生潜育化土壤的改良和治理应从环境治理做起，治本清源、因地制宜、综合利用。主要方法措施包括：①开沟排水，消除渍害。在潜育化和次生潜育化土壤周围开沟，排灌分离，防止串灌。明沟成本较低，但暗沟效果较好，沟距以 6 米～ 8 米（重黏土）和 10 米～ 15 米（轻黏土）为宜。②多种经营，综合利用。潜育化和次生潜育化土壤可以施行与养殖系统结合，如稻田——鱼塘、稻田——鸭——鱼系统。或者开辟为浅水藕、荸荠等经济作物田。有条件的实施水旱轮作。③合理施肥。潜育化和次生潜育化土壤氮肥的效益大大降低，宜施磷、钾、硅肥以获增产。④开发耐渍植物品种。这是一种生态适应性措施。探索培育耐潜育化水稻良种，已收到一定的增产效果。